Kleinbücherei des Großdeutschen Schachbundes
2. Bändchen

Der Weg zum Matt

Ein Blick in die Schachtechnik

von

Kurt Richter

Mit zahlreichen Stellungsbildern

BERLIN 1941
WALTER DE GRUYTER & CO.
vormals G. J. Göschen'sche Verlagshandlung - J. Guttentag, Verlagsbuchhandlung - Georg Reimer - Karl J. Trübner - Veit & Comp.

Archiv-Nr. 53 30 41
Printed in Germany / Druck von Metzger & Wittig in Leipzig

Vorwort

Die Kleinbücherei des Großdeutschen Schachbundes soll Schachwissen und Schachunterhaltung bei volkstümlicher Darstellung bieten. Die freundliche Aufnahme, die „Die ersten Schritte" gefunden haben, ermutigte zur Herausgabe dieses zweiten Bändchens. Es ist für schon etwas fortgeschrittene Spieler bestimmt, doch benötigt es zu seinem Verständnis kaum mehr als die Schachregeln und einige Übung in der Praxis.

„Der Weg zum Matt" befaßt sich hauptsächlich mit typischen Wendungen auf dem Schachbrett und führt den Vorwärtsstrebenden schrittweise dazu, Verständnis für die Schachtechnik zu gewinnen. Dabei wurde durchweg von den Erfordernissen der Praxis ausgegangen und jeder unnötige bloß theoretische (im wirklichen Spiel jedoch kaum vorkommende) Ballast vermieden. Der Blick im Schach soll so geschult werden; der Lernende soll begreifen lernen, worauf es für die Entscheidung der Partie ankommt. Dabei sind freilich sein Mitdenken und seine Mitarbeit Voraussetzung.

Allen Freunden des königlichen Spiels aber wünscht der Verfasser, daß sie ebensoviel Freude und Genuß am Schach empfinden mögen wie er.

Berlin, am 1. Februar 1941

Kurt Richter

Inhaltsverzeichnis

I. Wegbereiter ist das Fußvolk!

Die Kunst der Bauernführung

Der Verlauf einer Schachpartie wird weitgehend durch den Aufbau der Bauernfront bestimmt. Die Bauern bereiten den Offizieren den Weg, aber sie stehen ihnen auch oft genug im Wege! Die schlechte Stellung der Bauern kann ebenso entscheidend sein wie die gute. Zwei Grundgesetze sind es, die für den Kampf der Bauern bestimmend sind:

1. Jeder Bauernzug lockert die Stellung.
2. Jeder Bauer hat den Drang nach „vorwärts" in sich.

Sie widersprechen sich — gewiß, aber was widerspricht sich im Schach nicht?

Schach – das „Spiel der kleineren Übel"

Eine kleine Abschweifung sei hier gestattet. Wir stellen bestimmte Regeln im Schach auf, die in so manchen Fällen sich gut bewähren, aber wir wissen ganz genau, daß es Ausnahmen über Ausnahmen gibt. Schach ist eben das Spiel der Ausnahmen; man kann es auch das Spiel der „kleineren Übel" nennen.

Wenn sich der Spieler immer an die Regeln und wichtigsten Erfahrungssätze halten wollte: wo käme er da hin? Keine Figur soll er ohne Deckung lassen, keine schwächenden Bauernzüge machen, wichtige Punkte gut geschützt halten, die Dame nicht zu früh ins Spiel bringen, die Entwicklung nicht vernachlässigen, das Zentrum besetzen, die Türme nicht passiv aufstellen, sich keinen Doppelbauern machen lassen, jeder Fesselung ausweichen usw. usw. Wollte jemand sklavisch all diese im Grunde freilich durchaus richtigen Merksätze befolgen, so käme ein verkrampftes, unfreies und schlechtes Spiel heraus. — Nein, die „graue Theorie" gibt uns nur Wegweiser an die Hand, die uns eine Beurteilung der Stellung erleichtern sollen. Nie kann bloße Theorie das selbständige Denken ersetzen. In der Schachpartie werden wir so manches Mal rückständige Bauern in Kauf nehmen, oder uns in eine unbequeme Fesselung begeben, oder uns den Teufel um Doppelbauern kümmern, wenn wir nur andere Vorteile dabei eintauschen. „Das kleinere Übel" entscheidet.

Ein System im Schach? Das gibt es nicht, und wird es nie geben! —

Kehren wir zurück zum Kampf der Bauern.

Der Wert der Bauernstellung

Bevor wir uns mit den Bauernzügen selbst befassen, wollen wir einige Bemerkungen über Bauernstellungen voranschicken.

Der Wert der Bauernstellung wechselt je nach Art und Zahl der Figuren, die sich noch am Brett befinden.

(Schwarz am Zuge)

Hier ist die Bauernstellung für Weiß günstig, denn Schwarz hat einen Doppelbauern und einen vereinzelten Bauern am Damenflügel. Weiß ist aber trotzdem nicht im Vorteil, denn der Gegner erlangt mit c5! nebst baldigem Lb7 dank ausgezeichneter Läuferwirkung ein vollwertiges Angriffsspiel. An Ausnützung der Bauernschwächen durch Weiß ist für lange Zeit nicht zu denken.

Lassen wir nun den Ld6 und den Lc1 vom Brett verschwinden!

(Schwarz am Zuge)

Sofort ändert sich das Bild. Die schwarzen Angriffsaussichten sind auf ein Minimum zusammengeschrumpft; der Springer ist in einem eventuellen Endspiel besser als der Läufer, weil er auf c5 ein vorzügliches Blockadefeld findet. Die Ausnützung der schwarzen Bauernschwächen ist in greifbare Nähe gerückt.

Denken wir uns jetzt sämtliche Figuren vom Brett, so daß nur die Könige mit ihren Bauern übrigbleiben, so muß Weiß leicht gewinnen, wenn er entweder das Blockadefeld c5 erreicht oder aber mit seinem König nach a6 kommt. Bei einem Tempokampf entscheidet die Tatsache, daß Weiß mehr Bauernzüge zur Verfügung hat als Schwarz. Dies auszuprobieren, bedeutet eine gute Übung!

Was folgt hieraus? Daß eine Stellung oder ein Punkt nur dann wirklich schwach sind, wenn der Gegner Zeit und Gelegenheit findet, sie anzugreifen! Nichts ist „schwach an sich"!

Die Bauernkette

Stehen in einer Diagonalen mehrere Bauern hintereinander, von denen einer den anderen deckt, so sprechen wir von einer Bauernkette. Bilden beide Gegner solche „Bauernketten", die ineinander übergreifen und jedes wirksame Figurenspiel unmöglich machen, so entstehen die gefürchteten „verschachtelten" Stellungen, bei denen mitunter sogar materieller Mehrbesitz nicht zum Gewinn genügt. Ein drastisches Beispiel:

„Die Barriere"

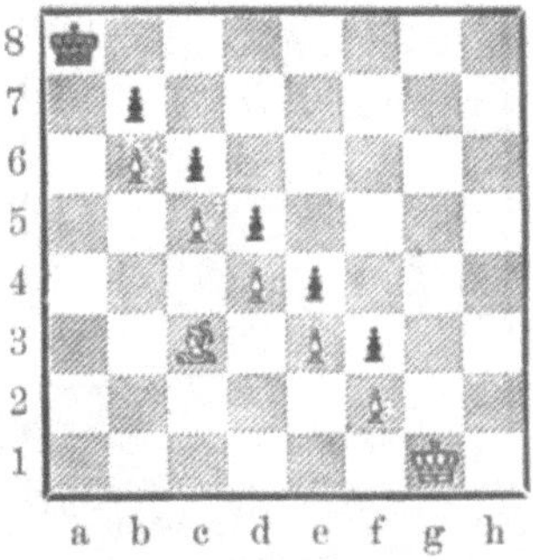

Weiß kann nicht gewinnen, da der schwarze König nicht von a8 vertrieben, sondern höchstens pattgesetzt werden kann. Der Läufer ist, da sämtliche schwarze Bauern auf weißen Feldern stehen, nicht einen Pfifferling wert! Die Bauernkette wird aber nicht immer so schön diagonal wie hier, sondern oft auch im Zickzack verlaufen.

Die Tendenz der Bauernkette ist es, ihren Vordermann so weit als möglich in das feindliche Spiel hineinzutragen.

(Siehe Bild auf nächster Seite)

Hier hat Weiß die Spitze einer Bauernkette bis f6 vorgetrieben; dieser „Pfahl im eigenen Fleische" wird Schwarz bei dem folgenden Mattangriff zum Verhängnis: **1. .... Lc3: 2. Dh6! Tg8 3. Th1! Ld2: 4. Dh7†! Kh7: 5. hg6‡.**

Ackermann

v. Hollberg
(Fernpartie, 1938)

Wie schon diese kleinen Beispiele zeigen, sind Bauernketten die größten Hemmschuhe für die Figuren, meist für die feindlichen, manchmal auch für die eigenen! Wenn sich Bauernketten bilden wollen, so ist genau zu prüfen, wem sie schaden. Sind sie uns unbequem, so muß sofort dagegen angegangen werden.

In der französischen Partie kann Weiß nach **1. e4 e6 2. d4 d5** mit **3. e5** eine Kettenbildung versuchen. Spielt Schwarz passiv, so wird Weiß nach c3 und weiterer geeigneter Vorbereitung mit f4, g4, f5 usw. die Kette zu verlängern trachten, wobei als Ideal der auf f6 auftauchende f-Bauer erscheint (siehe voriges Bild). Schwarz greift aber sofort

mit **3. .... c5!** die Kette an. Ein Mittelstück der Kette herauszubrechen, ist immer vorteilhaft, weil diese dann in zwei Teile zerfällt und leichter angegriffen werden kann. Tauscht Weiß nicht auf c5 (was Schwarz am liebsten wäre), sondern deckt mit **4. c3**, so entsteht nach **cd4: 5. cd4:** ein schutzbedürftiger Bauer auf d4. Die Kraft der Kette ist auf alle Fälle geschwächt.

Unbewegliche Bauern

Eine Bauernmehrheit ist nichts wert, wenn man sie festlegen

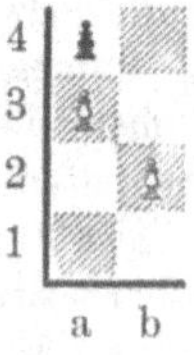

läßt. Der schwarze Bauer a4 beherrscht in nebenstehender Stellung beide feindlichen Bauern.

Wer eine Bauernmehrheit besitzt und diese zur Geltung bringen will, der gehe zuerst mit dem Bauern vor, der auf einer offenen Linie steht, also kein Gegenüber hat. Hier spielt Schwarz erst g6!, dann h6 und g5 und sichert damit den Vormarsch der Mehrheit. Würde er erst h6 (ebenso schlecht wäre h5) ziehen, so käme nach der weißen Antwort h5! der schwarze g-Bauer ohne Unterstützung seines Königs nicht weiter.

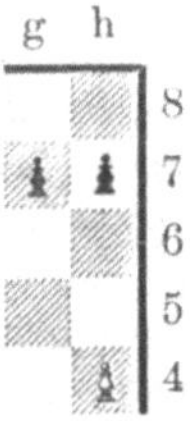

Dieser Begriff der Blockade spielt eine große Rolle im Schachkampf. Ebenso unangenehm für den betroffenen Bauern ist aber die Blockade durch feindliche Figuren.

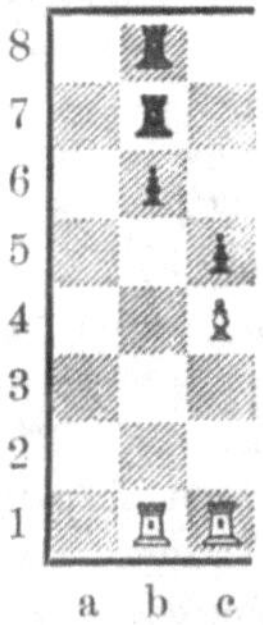

Durch Unterstützung beider Türme hofft Schwarz hier den rückständigen Bauern b6 vorstoßen zu können und damit die lästige Schwäche loszuwerden. Aber mit **1. Tb5!** verhindert Weiß auf mechanische Weise das Vorgehen des Bauern, er „blockiert" ihn und bindet damit die schwarzen Kräfte.

Das Loch in der Stellung

In der Anfangsstellung einer Schachpartie sind alle Felder der 3. (bzw. 6.) Reihe doppelt durch Bauern geschützt (mit Ausnahme der Randfelder); jeder Bauernzug lockert diese Deckung. Ziehen beide Bauern, die ein Feld decken, auf, so entsteht das berüchtigte „Loch" in der Stellung. Ein mit Absicht übertreibendes Bild mag dies veranschaulichen.

Die Bauern so oder ähnlich aufzustellen, wäre eine ganz verfehlte Strategie; im Lager von Weiß sind die schwarzen Felder a3, c3, e3, g3 und bei Schwarz die weißen Felder a6, c6, e6, g6 sehr geschwächt. Ein Einbruch feindlicher Figuren auf einem dieser Felder ist bei nächster Gelegenheit zu erwarten.

Drum: hüte dich vor solchen „Löchern". Sieh zu, daß, vor allem im ersten Teil der Partie, jedes Feld der 3. (6.) Reihe wenigstens durch einen Bauern geschützt bleibt!

„Löcher" können natürlich auch auf anderen Reihen entstehen. Erwähnt sei noch eine Methode, ein Loch „aufzufüllen", es gewissermaßen zu „plombieren".

Hier möchte der schwarze Springer das Loch c4 besetzen und dort eine starke Wirkungausüben. Mit **1. c4!** füllt Weiß es aber aus und behebt den Schaden. Ja — nun könnte aber der Springer nach a4 gehen!?

Gewiß, aber am Rande steht er fast nie gut, und so hätte er auch hier nach 1.... Sa4 2. La1 erheblich an Kraft eingebüßt. Auf c4 dagegen würde der schwarze Ritter nach dem Zentrum hin ganz anders zur Geltung kommen.

Bauern im Kampfe

Mit welchen Bauernzügen sollen wir die Schachpartie eröffnen? Machen wir uns vor allem klar, daß die Bauern die Seele des Spiels sind. Ein Zurück gibt es für den Bauern nicht; jeder Bauernzug muß daher sorgfältig überlegt werden. Die Bauern beherrschen nur das Terrain, das vor ihnen liegt; was sie hinter sich zurücklassen, ist ihrem Einfluß für immer entzogen.

Das Zentrum ist der Angelpunkt

In der Partie dreht sich der Eröffnungskampf, wie bekannt, um das Zentrum (im engeren Sinne: die Felder d4—e4—d5—e5; weiter gefaßt: das Quadrat c3—c6—f6—f3). Hier einen Bauern mehr aufstellen zu können als der Gegner, wird als wesentlicher Erfolg der Eröffnungsstrategie gewertet. Ein Merksatz lautet, bei einem Tausch möglichst mit dem Bauern wiederzuschlagen, der sich dabei dem Zentrum nähert. Beim Kampf um das Zentrum entstehen meist Bauernspannungen (zwei feindliche Bauern stehen sich schlagbereit schräg gegenüber. Es bedarf nur des Entschlusses einer der Parteien, den Schlagfall auszuführen). Der Bauerntausch im Zentrum schafft tiefgreifende Veränderungen, weil neue Linien offen werden und der Schutz wichtiger Felder durch diese Bauern für immer verschwindet. Er muß daher besonders sorgfältig überlegt werden.

Nach **1. e4 e5 2. Sf3 Sc6 3. Lc4 Lc5 4. c3 Lb6 5. d4** würde Schwarz mit ed4: nur für Weiß arbeiten, weil dieser ein starkes und bewegliches Bauernzentrum erhielte. Spielt Schwarz aber

5. .... De7!, so wäre es wiederum für Weiß unzweckmäßig, auf e5 zu nehmen. Die schwarzen Figuren kämen dann gut ins Spiel, die Wirkung des Lb6 wäre vergrößert und der Zug c2—c3 würde sich als unnütz erweisen. Beide Parteien werden daher die Bauernspannung d4—e5 noch einige Zeit aufrecht zu erhalten trachten und nach Kräften bemüht sein, den Gegner hier zum Schlagen zu veranlassen.

Ähnlich ist es im Damengambit nach **1. d4 d5 2. c4**. Weiß versucht, den Bd5 zu entfernen, um später mit e2—e4 die Mitte zu besetzen. Schwarz wird sich daher im allgemeinen weigern, auf c4 zu nehmen, und etwa **2. .... e6** ziehen. Weiß erreicht nun mit 3. cd5: ed5: nichts; er fördert im Gegenteil die schwarze Entwicklung und befreit den Lc8. Auch hier werden also die Bauern c4 und d5 zunächst in „Spannung" bleiben (gespannt darauf, wer wohl zuerst tauschen wird!). Der Schachfreund möge aber bei jedem Zuge die Lage neu prüfen, ob nicht irgendein neues Moment das Schlagen rechtfertigt oder aber für den Gegner den Tausch vorteilhaft gestaltet.

Mitunter ist es möglich, durch eine planvolle Zugfolge das Schlagen seitens des Gegners zu erzwingen. Nach **1. e4 e5 2. Sf3 Sc6 3. Lb5 d6 4. d4** ist der Be5 bedroht. Nimmt Schwarz auf d4, so bekommt der Anziehende das freiere Spiel. Schwarz wird daher mit **4. .... Ld7** den Abtausch umgehen und doch keinen Bauern einbüßen, denn nach

5.Lc6: Lc6: wäre Be4 angegriffen. Mit **5. Sc3** deckt Weiß nun den Bauern, aber Schwarz greift ihn mit **5. .... Sf6** wieder an, so daß **6. Lc6: Lc6:** noch immer zu keinem Ergebnis führt. Erst die

Pointe **7. Dd3!** zwingt Schwarz, Farbe zu bekennen. Mit natürlichen Zügen ist Be5 nicht zu decken (De7 wäre hier nicht gut, weil dadurch der Läufer verstellt und die kurze Rochade erschwert wird; die lange kann nicht im Sinne von Schwarz liegen, da er alsdann sofort einen scharfen Bauernsturm gewärtigen müßte); also wird Schwarz zu **7. .... ed4:** greifen müssen. Damit ist aber das erste Eröffnungsscharmützel zugunsten von Weiß entschieden.

Der aufmerksam Lesende wird sich wohl schon die Frage vorgelegt haben, weshalb denn Weiß nicht einfach mit dem einen Bauern vorbeigeht und so alle „Spannungsprobleme“ bequem ausschaltet. Zieht er aber in diesem oder dem vorhergehenden Bild d4—d5, so „legt er sich im Zentrum fest“, wie man zu sagen pflegt, die Bauern werden unbeweglich. Wie schon bei der Kettenbildung besprochen, ermöglicht dies dem Gegner einen wirksamen Gegenstoß (hier, nach Vorbereitung, f7—f5). Befreit vom Druck im Zentrum, atmet Schwarz erleichtert auf und gewinnt einen großen Teil seiner Handlungsfreiheit zurück. Und das wollen wir doch nicht, nicht wahr?

Bauerneinschritte

Eine weise Schachregel hat dem Bauern das Recht verliehen, von der Grundstellung aus zwei Schritte vorzugehen. Er hat aber die Wahl und kann sich auch mit einem begnügen. Von diesen Bauerneinschritten soll hier die Rede sein.

Man sieht oft in freien Schachpartien, wie beide Partner nach den ersten Eröffnungszügen blitzschnell die Züge a3, a6, h3, h6 folgen lassen. Offenbar ist ihnen schon öfters durch einen Springer- oder Läuferzug nach b4 (b5)

oder g4 (g5) Unheil widerfahren, „und das soll mir nicht wieder vorkommen!“ Trotzdem: ohne besonderen Anlaß wollen wir diese Angstzüge nicht machen; sie kosten uns Zeit, die zunächst besser der Entwicklung der Figuren zugute kommen kann. Dann aber sind solche Bauernzüge bei bestimmten Angriffssystemen ein schweres Hindernis, weil sie ein Eingreifen des Turmes auf der 3. Reihe unmöglich machen. Was gemeint ist, zeigt folgende Kombination.

Wilk

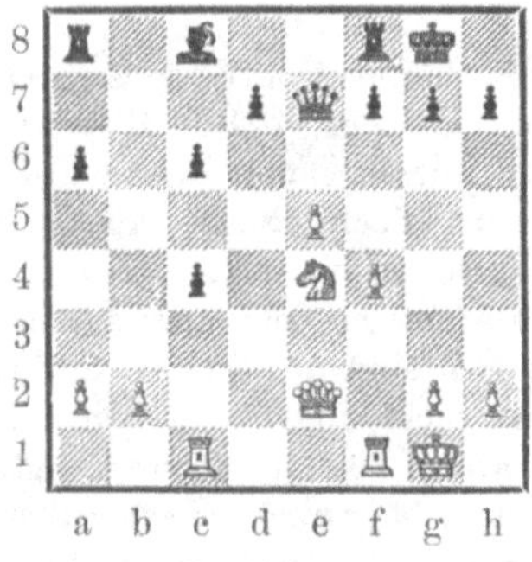

K. Richter
(Meisterschaft der Berliner Schachgesellschaft 1940/41)

Mit **1. Tc3 a5 2. Sf6†! Kh8** (gf6: 3. Dg4† Kh8 4. Tg3!) **3. Th3! h6** (gf6:, Dh5!) **4. De4!** erzwang Weiß den Sieg. Diese Kombination wäre, stünde der Bh2 auf h3, nicht möglich gewesen. Man wird erwidern: „Damit kann man doch nicht rechnen!“ Gewiß nicht; wir wollten ja auch nur zeigen, welche Chancen solche gedankenlosen Sicherungszüge manchmal vernichten.

Der Einschritt c2—c3 (zwecks Zentrumsbildung durch d2—d4) ist immer dann nicht anzuempfehlen, wenn Schwarz vorteilhaft zu d7—d5 kommt, z. B. **1. e4 e5 2. Sf3 Sc6 3. c3? d5!**. Der Grund ist der, daß nach **4. ed5: Dd5:** der Tempoangriff 5. Sc3 nicht möglich ist. Schwarz hat dann die Eröffnungsschwierigkeiten überwunden.

Gut ist c2—c3 meist dann, wenn d2—d4 mit Angriff auf eine Figur droht, also etwa nach **1. e4 e5 2. Sf3 Sc6 3. Lb5 Lc5 4. c3!**. Hier ist außerdem auf **4. .... d5** einfach **5. d4 de4: 6. Se5:** spielbar.

Züge wie f3 bzw. f6 in der Eröffnung sind höchst verdächtig und tunlichst zu vermeiden. Bekannt dürfte sein, daß nach **1. e4 e5 2. Sf3** die Deckung **2. ... f6?** verfehlt ist, weil Weiß mit **3. Se5:! fe5:? 4. Dh5†! Ke7** (g6, De5‡ nebst Dh8:) **5. De5‡ Kf7 6. Lc4†** zu einem rasch entscheidenden Angriff kommt. Weiß kann die Schwächung der Diagonalen e8—h5, die der Bauernzug f6 hervorgerufen hat, schnell ausnutzen.

Nach der kurzen Rochade entblößen die Züge des f-Bauern die Diagonale a7—g1 (bzw. a2—g8), so daß hier mitunter peinliche Schachgebote und Fesselungen durch den gegnerischen Läufer entstehen. Hat Weiß aber einen Bauern auf c4 (bzw. Schwarz einen solchen auf c5) zu stehen, so können die f-Bauern schon unbesorgter ziehen, weil dann dem Eingreifen des feindlichen Läufers ein natürliches Hindernis entgegensteht.

Die Einschritte von Mittelbauern sind zum Teil Gegenstand der Theorie (z. B. Französisch: 1. e4 e6; Caro—Kann 1. e4 c6, usw.); immer wird dann aber wenigstens der andere Zentrumsbauer zwei Schritte tun. Es wäre eine verfehlte Strategie, etwa beide Zentrumsbauern nur **einen** Schritt vorzurücken und damit dem Gegner ein starkes Zentrum sozusagen zu schenken. Nur in einem Spielanfang hat sich der doppelte Einschritt der Zentrumsbauern bis heute als spielbar erwiesen: in der sizilianischen Partie. Nach **1. e4 c5 2. Sf3 Sc6 3. d4 cd4: 4. Sd4: Sf6 5. Sc3 d6 6. Le2** darf Schwarz **6. .... e6** ziehen. (Immerhin hat er ja einen der weißen Zentrumsbauern abtauschen können.)

So befremdend diese Aufstellung aussieht — Bd6 ist etwas „entwurzelt“ und schwach — sie ist doch stärker als man glaubt. d6 ist nicht zu erobern, die wichtigen Zentrumsfelder d5 und e5 sind den weißen Springern nicht zugänglich, am Damenflügel kann Schwarz mit a6 und b5 vorgehen, schließlich kommt auch einmal die halboffene c-Linie zur Geltung. Aber auch diese Ausnahme bestätigt nur die Regel! Und diese lautet: *Bauern auf der 3. (6.) Reihe behindern die Entwicklung der Figuren!* Das Ideal — vom positionellen Standpunkt aus —

wäre, nur die beiden Mittelbauern zwei Schritte machen zu lassen und im übrigen mit den Figuren zu spielen. Es ist aber nicht erfüllbar (wäre es sonst ein Ideal?).

Bauern öffnen und sperren Linien

Von Linienöffnung und -sperrung durch Bauern war oben schon die Rede. Wir können uns daher hier damit begnügen, zur Technik der Linienöffnung einiges zu sagen.

Das **Festlegungsprinzip**, eines der wichtigsten im Kampf um eine Linienöffnung, sei vorangestellt.

Weiß will auf Angriff spielen und für seine schweren Figuren eine Linie öffnen.

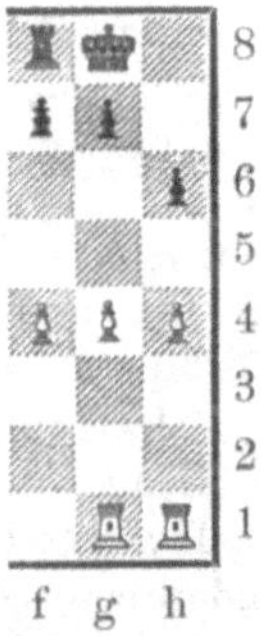

Wie geht er dabei zu Werke? Spielt er sofort 1. g5, so zieht Schwarz mit h5! vorbei und lacht Weiß aus. Richtig ist es, erst mit **1. h5!** den Bh6 festzulegen; die Linienöffnung durch **2. g5** ist nun gesichert. Ein weiterer Begriff wird uns dabei klar: der der Angriffsmarke. Der schwarze Bh6 gab uns die Marke zum Angriff! Stünde er noch auf h7, so wäre eine Linienöffnung noch in weiter Ferne. Auch ein Nachteil der Züge h3 (h6) bzw. a3 (a6)! (Der lernende Schachfreund gerät nun wieder in eine widerspruchsvolle Lage: unterläßt er diese Züge, so vermeidet er Zeitverluste und schafft keine Angriffsmarken. Andererseits soll er aber seinem König ein Luftloch schaffen, und das wird meist h3 bzw. h6 sein. Da bleibt uns nur der schon einmal gegebene Rat, nach dem „kleineren Übel" Umschau zu halten!)

Bauern können aber nicht nur Linien öffnen oder schließen, sondern auch **strategisch wichtige Punkte durch Abtausch der sie schützenden feindlichen Bauern erobern**. Ganz roh läßt sich dieses Thema an

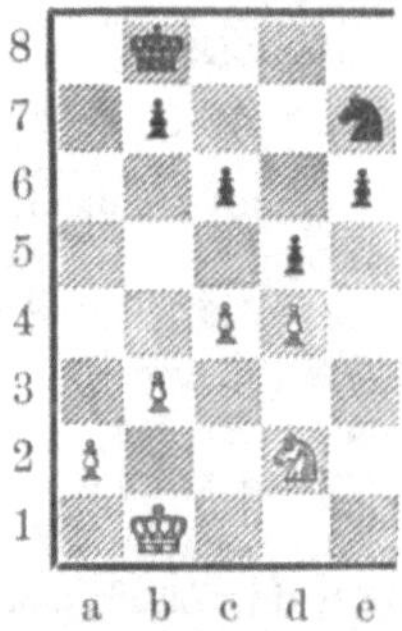

vorstehendem Bilde vorführen. Der schwarze Springer strebt nach dem Felde d5; mit dc4: bc4: (bei Sc4: hätte Schwarz sein Ziel schon erreicht!) b5! tauscht Schwarz alle weißen Bauern ab, die das Feld d5 beherrschen, und macht dieses damit seinem Springer zugänglich. Ein Beispiel aus der Praxis soll noch folgen.

Der Sd5 kann jederzeit durch c2—c4 verjagt werden. Schwarz sann daher auf Mittel und Wege, dem Gegner diesen Bauernzug zu nehmen. Er zog zunächst **1. .... Ld6;** auf 2. c4 würde nun Sf4! folgen, wonach Weiß wohl mit 3. Lf4: das Läuferpaar aufgeben müßte. **2. Se5.** Deshalb ist dieser Zug verständlich. Allein nun erreicht Schwarz das gesteckte Teilziel: Verhinderung von c4. **2. .... c5!.** Greift die Deckung von e5 an. **3. c3.** Nach 3. c4 cd4: steht Se5 ein. **3. .... cd4: 4. cd4:.** Es ist geschafft. Die starke Springerstellung d5 ist gesichert; kein feindlicher Bauernvorstoß kann sie mehr erschüttern. Im weiteren Verlauf der Partie siegte Schwarz hauptsächlich durch die beherrschende Stellung seines Zentralspringers.

Die Großmacht Freibauer

Jawohl: Die Großmacht Freibauer! Er ist der Hauptakteur des Endspiels, mitunter aber auch des Mittelspiels; von ihm hängt sehr oft Sieg oder Niederlage seiner Partei ab. Ihn richtig führen oder wirksam bekämpfen zu können, ist eine Hauptforderung an den Spieler.

Für die Bekämpfung der Freibauern gilt als oberster Grundsatz: suche jeden Freibauern in seinem Lauf aufzuhalten! Begnüge dich nicht damit, die vor ihm liegenden Felder unter Feuer zu nehmen, sondern hemme ihn mechanisch und unwiderruflich durch Blockade! Das gilt sowohl fürs Mittelspiel wie auch fürs Endspiel.

Heidenreich

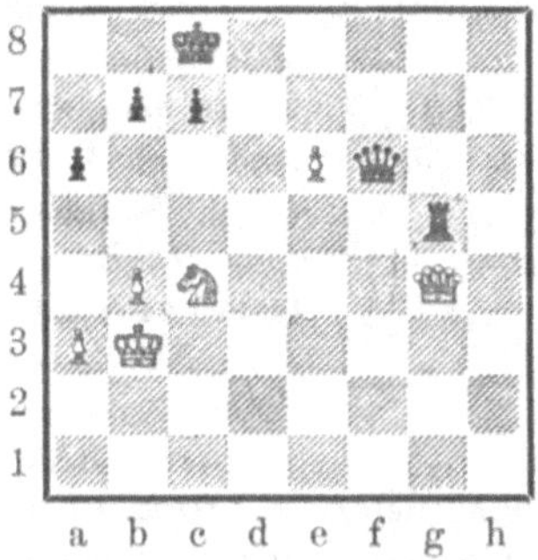

R. Trültsch (Wurzen 1935)

Würde die schwarze Dame auf e7 stehen, der Freibauer also blockiert sein, so hätte Schwarz mit der Qualität mehr begründete Gewinnaussichten. Die Tatsache aber, daß der Freibauer wirklich „frei“ ist, nutzte Weiß zu folgender hübschen Abwicklung aus: **1. e7†!! Tg4: 2. e8 D† Dd8 3. De6† Dd7** (sonst Dg4:) **4. Dd7:† Kd7: 5. Se5†** nebst **Sg4:**.

Die Entstehung des Freibauern

Wie schafft man sich einen Freibauern? Von der landläufigen Art, die gegnerischen Bauern einfach wegzunehmen oder abzutauschen, wollen wir einmal absehen. Manchmal ist es möglich, das Mittelspiel kombinatorisch zu einem gewonnenen Bauernendspiel abzuwickeln.

J. Berger (1889)

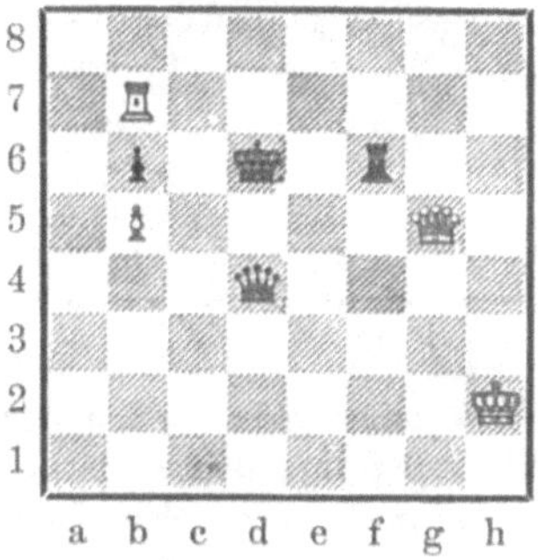

Weiß zieht und gewinnt

Mit **1. Df6‡! Df6: 2. Tb6‡ Ke7 3. Tf6: Kf6: 4. b6** wird der Freibauer geboren, der sofort gewinnt, weil ihn der feindliche König nicht mehr einholen kann. In umgekehrter Reihenfolge wäre die Kombination nicht ausreichend: 1. Tb6‡? Db6: 2. Df6‡ Kc7 3. Db6‡ Kb6:, und Schwarz vernichtet den Freibauern.

Bei der Überlenkung vom Mittelspiel oder einer Endspielart mit Figuren in das reine Bauernendspiel prüfe man sehr genau die neu entstehende Lage. Oft genug mündet z. B. ein günstig stehendes Turmendspiel nach Abtausch der Türme in ein verlorenes Bauernendspiel.

Weiß steht hier infolge der aktiven Stellung seines Turmes (gegenüber der kläglichen Lage seines schwarzen Kollegen!) sehr aussichtsreich; Schwarz wird doch einmal Kb7 ziehen und damit nach Td6 einen Bauern verlieren müssen. Der richtige Plan für Weiß wäre Annäherung seines Königs; in *fast jeder Endspielart ist das Eingreifen des Königs oberstes Gebot!* Weiß lenkte aber mit **1. b6†? Kb7 2. Ta7+?** (besser Ta5) **Ta7: 3. ba7: Ka7:** in ein sofort verlorenes Bauernendspiel über, in dem der Freibauer a3 wertlos ist, weil der schwarze König ihn in aller Ruhe abholt.

Haben wir erst einmal das Bauernendspiel erreicht und die Aussicht auf einen Freibauern bekommen, dann dürfen wir ihn nicht zu schnell das Licht der Welt erblicken lassen wollen, besonders, wenn unser König abseits steht. Hier würde der Versuch, mit **1. b3** durch Abtausch die feindlichen Bauern zu beseitigen und einen Freibauern zu schaffen, mit dem Durchbruch **1. .... b4!! 2. ab4: a3** beantwortet werden, der Schwarz den Sieg bringt. Denken wir uns aber alle Bauern um eine Reihe nach oben verschoben, so würde nun Weiß nach 1. b4 b5 mit 2. ba5:! gewinnen.

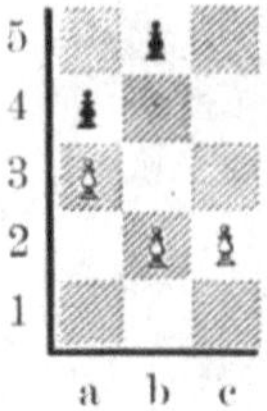

Der Bauerndurchbruch ist eine typische Kampfart des Bauern und auch im Mittelspiel verwendbar; ihm sei daher noch ein Beispiel gewidmet.

Weil die weißen Bauern schon so weit vorgerückt sind, gewinnt folgender Durchbruch: **1. b6! ab6: 2. c6! bc6: 3. a6**, bzw. **1. .... cb6: 2. a6! ba6: 3. c6.** Freie Bahn dem Tüchtigen! — Wie würde Schwarz, wäre er in der abgebildeten Stellung am Zuge, den Bauerndurchbruch verhindern können? (Auf die

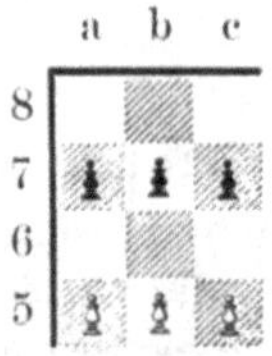

gleiche Art durchzubrechen wie Weiß ist ihm verwehrt, da seine Bauern zu weit zurückstehen.) Nur mit **1. .... b7—b6!** kann Schwarz das Unheil abwenden; weder 1 .... a6 (2. c6!) noch 1. .... c6 (2. a6!) sind ausreichend. Selbstverständlich können solche Bauerndurchbrüche auch in Figurenendspielen eine ausschlaggebende Rolle spielen. Wir wollen auch dies noch durch ein Beispiel belegen.

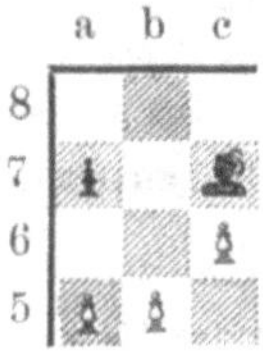

Mit 1. b6! ab6: 2. a6! sichert sich Weiß die Umwandlung eines Bauern, da nach **2. .... Lb8** entweder **3. a7** oder **3. c7** geschehen kann. Bei all diesen kleinen Beispielen haben wir vorausgesetzt, daß der schwarze König nicht zur Hilfeleistung in der Nähe ist.

Der gedeckte und der entfernte Freibauer

Ein gedeckter Freibauer (durch einen Bauern eigener Farbe gedeckt) ist ein starker Trumpf; er genügt mitunter schon zum Siege.

Schwarz hat einen gedeckten Freibauern, der den weißen König bindet. Dieser darf ja auch nie den Bb4 abholen, weil

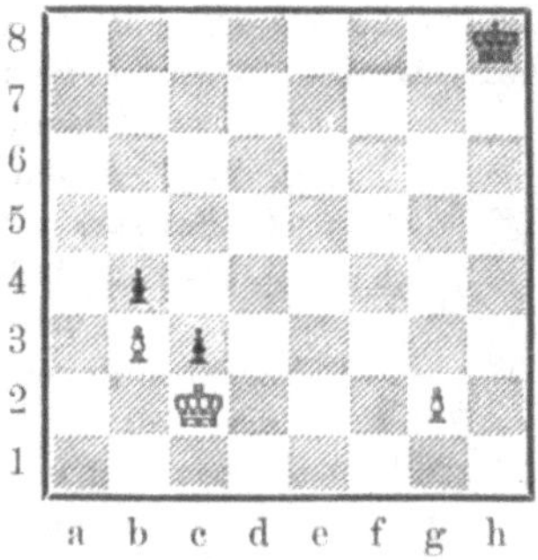

dann der Freibauer durchgeht. Ohnmächtig muß Weiß zusehen, wie der schwarze König seinen Bg2 kassiert und dann leicht gewinnt.

Manchmal gelingt es aber, den gedeckten Freibauern zu sprengen, und diese Gelegenheit sollte stets sogleich ausgenutzt werden.

Wir konnten beobachten, daß Weiß mit 1. Ke3 Ke5 2. Kf2? Ke4 usw. elend zugrunde ging.

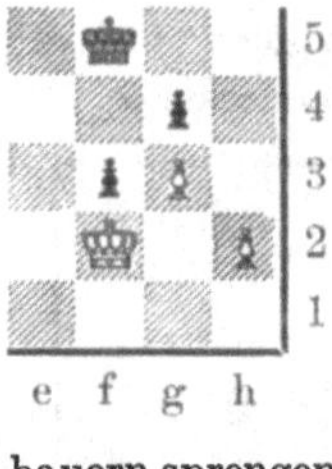

Dabei hätte er mit **1. (oder 2.) h3! gh3: 2. Kf3:** den gedeckten Freibauern sprengen und ein leichtes Remis haben können!

Zum Sprengungsthema gibt es noch einen weiteren typischen Fall, der, wenn auch nicht unmittelbar hierher gehörig, Erwähnung finden soll. In dem nebenstehenden Endspiel darf

Weiß nicht hastig **1. Kc4?** ziehen, weil Schwarz mit **1. ....d5†! 2. ed5‡ Kd6!** die verbundenen Bauern des Gegners sprengt und eine Remisposition herbeiführt. Weiß kann den Bd5 nicht behaupten.

Richtig ist das verzögernde Vorgehen 1. Kc3! Kf6 2. Kc4 mit schließlichem Gewinn. Spielt Schwarz auf 1. Kc3 auch d5, so schafft sich Weiß mit 2. e5 einen gedeckten Freibauern und siegt leicht. —

Der „entfernte Freibauer“ ist ein vielleicht noch größerer Trumpf als der gedeckte.

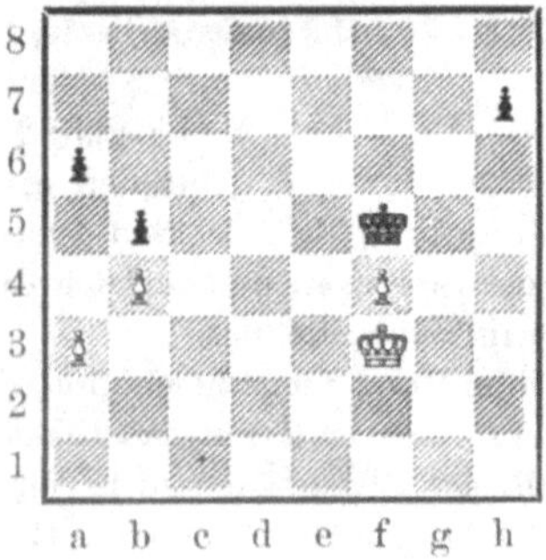

Der Kampf der beiderseitigen Freibauern wird mit ihrer Vernichtung enden, und dann entscheidet sich das Spiel bei den Bauern am Damenflügel. Von diesen ist der schwarze Freibauer weiter entfernt als der weiße; der weiße König muß also beim Endkampf einen weiteren Weg zurücklegen als sein glücklicherer Kollege. Weiß muß deshalb verlieren; etwa **1. .... h5 2. Kg3 h4† 3. Kh4: Kf4:**, und der schwarze König erobert die weißen Bauern. **Der entfernte Freibauer gewann!**

Damit wollen wir das Bauernkapitel schließen. Wir können und wollen dieses Thema nicht erschöpfen — das würde ein dickes Buch füllen —, aber wir glauben doch genügend Anregungen und Hinweise gegeben zu haben, so daß jeder Spieler den Wert der Bauern erkennen und Richtlinien für ihre richtige Führung gewinnen kann. Im übrigen:

Der Bauer, dies beachte nur,
Scheint klein und schwächlicher [Statur.
Doch täuscht dies sehr; der kleine Mann
Ist wirklich einer, der was kann.
Und wenn wir seh'n, was er so schafft,
Bewundern still wir seine Kraft!

II. Weggestalter: die Figuren

Die Bauern bereiten den Weg; an den Figuren ist es nun, ihn richtig zu nutzen. Je mehr die Bauern ineinander geschachtelt sind, um so weniger Möglichkeiten bieten sich den Figuren; je mehr Bauern getauscht sind, um so freier wird das Brett, um so größeren Spielraum finden die Figuren.

Der Tauschwert der Figuren

Bevor er mit seinen Figuren in den Kampf zieht, muß der Lernende wissen, wie es um ihren Tauschwert bestellt ist. Den Wert der Figuren richtig einschätzen zu können, ist eine entscheidende Vorbedingung für das Spielen überhaupt.

Vorausschicken wollen wir noch einige Bemerkungen über die Tauschtechnik.

Wir sahen kürzlich zwei Anfängern zu. Der eine besetzte einen vom Gegner zweifach verteidigten Punkt, obwohl er ihn ebenfalls nur mit zwei Figuren beherrschte, und war sehr erstaunt, als er dabei einen Turm einbüßte. Er hatte einen ganz einfachen Merksatz vergessen: Einen vom Gegner verteidigten Punkt darf man nur dann besetzen, wenn man ihn mit einer Figur mehr beherrscht. Eine elementare Regel! Weiter: will man einen vom Gegner verteidigten Punkt erstürmen, so ist es im allgemeinen richtig, die stärkere Figur als Schlußstein und nicht etwa als Vordermann zu haben.

Der Lh3 ist zweimal angegriffen und zweimal gedeckt.

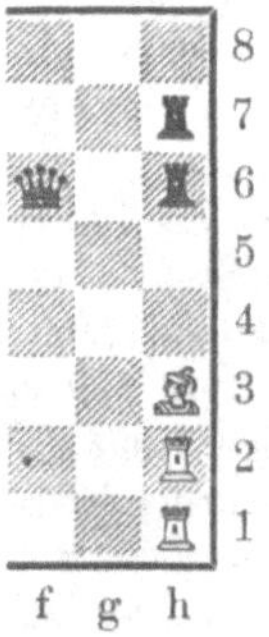

Mit 1. .... **Dh8!** greift ihn Schwarz zum dritten Male an; schlecht wäre es, den dritten Angriff von h4 aus zu führen (1. .... Dh4?), denn bei dem späteren Schlagen auf h3 würde Schwarz wohl den Läufer gewinnen, aber dabei die Dame einbüßen — und das wäre doch ein schlechter Tausch, nicht wahr?

Wir sollen im Schach nicht tauschen um des Tausches willen, nicht vereinfachen aus Angst vor dem Mittelspiel. Aber dieses Prinzip darf nicht übersteigert werden.

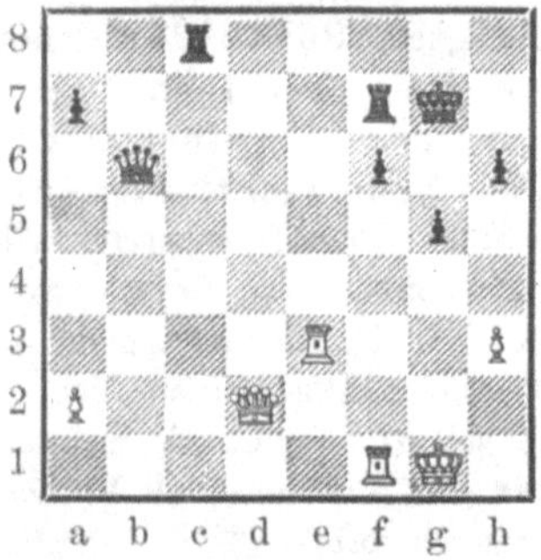

Schwarz konnte hier durch Ausnützung der Fesselung des Te3 mit **1. .... Te8 2. Tfe1 Tfe7 3. Kf2 Te3:!** usw. sämtliche schweren Figuren auf e3 tauschen und ein leicht gewonnenes Bauernendspiel haben. Auf diese Möglichkeit aufmerksam gemacht, meinte er entrüstet: „Nein, das macht mir keinen Spaß!" (Er spielte gern mit der Dame!) Ja, das ist natürlich etwas anderes! Wenn wir aber Schach spielen, um eine Partie zu gewinnen, dann dürfen wir uns eine solche einfache und klare Chance nicht entgehen lassen! „Spaß" macht uns solch ein Gewinn ja auch!

Die Bauernrechnung

Wir konnten beim Zusehen oft die Wahrnehmung machen, daß bei den Lernenden über den Wert der Figuren große Unklarheit herrscht und ungünstige Abtauschwendungen nicht nur zugelassen, sondern sogar gefördert werden. Besonders gern werden zwei leichte Figuren für einen Turm hergegeben, obwohl der Gegner dabei materiell in Vorteil kommt (denn zwei leichte Figuren sind mehr wert als ein Turm). Wiederholen wir einmal die Grundwerte, mit dem Bauern als Einheit:

eine leichte Figur	= 3	Bauern
ein Turm . .	= 5	„
Dame . . .	= 9(—10)	„

Dies gibt uns einen Anhaltspunkt für die Partie. Rein rechnerisch betrachtet müßte es also genügen, für zwei Leichtfiguren Turm + Bauer einzutauschen. Die Kampfkraft zweier Leichtfiguren ist gemeinhin aber doch so viel größer als die eines Turmes, daß meist ein Bauer kein genügendes Äquivalent bietet. Die Praxis sieht deshalb Turm + zwei Bauern = zwei Leichtfiguren als die im allgemeinen richtige Gleichung an.

Ähnliche Unsicherheit herrscht bei der Hergabe der Dame. Welches Material mindestens muß dafür eingetauscht werden? Die Erfahrung lehrt, daß die Dame etwa gleich Turm + Leichtfigur + Bauer ist. Drei Leichtfiguren können mitunter etwas stärker sein als eine Dame, ebenso zwei Türme, doch kommt es dabei (wie überhaupt!) sehr auf alle übrigen Umstände an.

Zum Glück ist Schach kein Spiel, das mathematischen Gesetzen gehorcht und sich in Formeln und Gleichungen berechnen läßt. Die Gesamtstellung aller Figuren spielt hier die entscheidende Rolle, und da ist es möglich, daß die Dame mitunter weniger nützlich ist als ein Springer. Dann versagen alle unsere schönen „Bauernrechnungen". Aber Anhaltspunkte geben sie dem Lernenden, und er mag sich vorerst nur danach richten!

Die Qualität

Wenn wir einen Turm hergeben müssen und dafür nur eine Leichtfigur des Gegners bekommen, so haben wir die Qualität verloren und eine immerhin ins Gewicht fallende materielle Einbuße erlitten. Weshalb ist der Turm stärker als etwa der Läufer? Er kann ganz nach seinem Belieben jedes Feld des Brettes erreichen; der Läufer dagegen ist ständig an seine Farbe gebunden. Im Endspiel **ohne** Bauern wird dieses Übergewicht freilich meist nicht zum Siege ausreichen. Der Turm hat auch eine weit größere Beweglichkeit als der Springer. Einige auf die einfachste Form gebrachten Beispiele sollen dies erläutern.

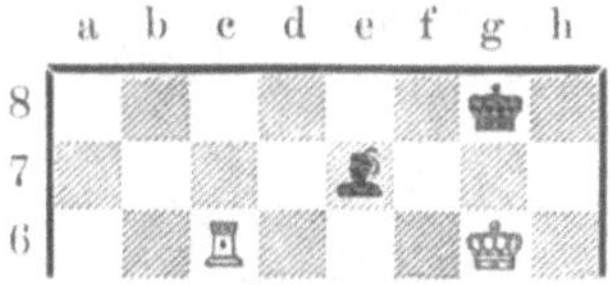

Weiß gewinnt, da er nach **1. Tc8† Lf8** durch einen Tempozug des Turmes auf der 8. Reihe (z. B. Ta8) Schwarz zu Kh8 zwingt und dann den Läufer mit Matt schlägt.

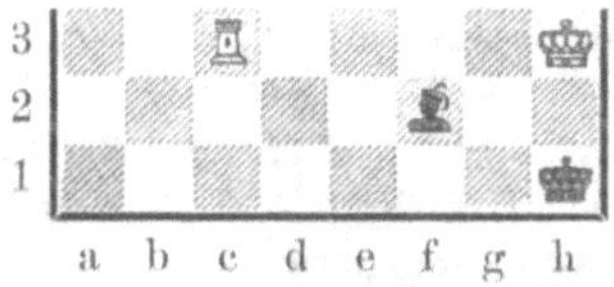

Remis, da Weiß nach **1. Tc1† Lg1** mit einem Tempozug des Turmes den Gegner pattsetzen würde. Hieraus erhellt, daß der verteidigende König diejenige

Ecke aufsuchen muß, die nicht von der Farbe seines Läufers ist. In den weitaus meisten Fällen wird dies möglich sein, so daß das Übergewicht der Qualität dann nicht zum Siege ausreicht.

Mehr Gewinnaussichten hat der Turm gegen den Springer, doch ist auch hier der Remisausgang das Wahrscheinliche.

J. Berger

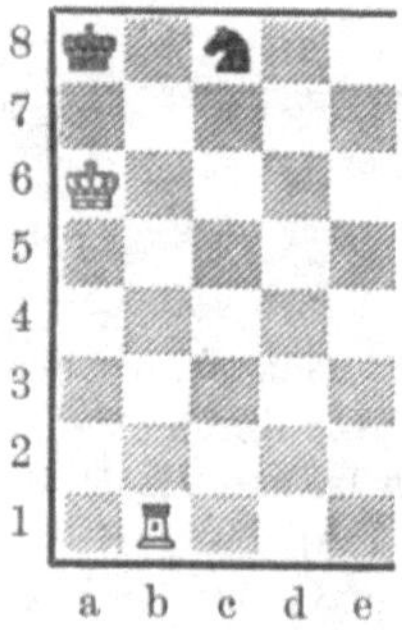

Hier verliert **1. Sa7?**; **1. .... Se7!** dagegen macht remis. Z. B. **1. .... Sa7? 2. Kb6 Kb8** (Sc8† 3. Kc7 Sa7 4. Tb2 usw.) **3. Tb2 (oder Tb3) Sc8† 4. Kc6† K bel. 5. Kc7,** und gewinnt.

Zieht Schwarz aber **1. .... Se7!,** so kann er nach **2. Kb6 Kb8 3. Tb2** mit dem König nach **c8** flüchten. Die Partie bleibt dann remis.

Diese Beispiele, eingehend studiert, geben alles in allem einen Begriff von der Überlegenheit des Turmes über eine leichte Figur. Sind beiderseits noch Bauern in gleicher Zahl vorhanden, so muß der Turm fast immer gewinnen. Es gibt aber, besonders im Mittelspiel, Situationen, wo das Übergewicht der Qualität durch andere Momente ausgeglichen und vielleicht sogar übertrumpft wird. Sei es, daß für die Qualität ein unangreifbar postierter und stark wirkender Springer Ausgleich schafft; sei es, daß die unter Qualitätsopfer herbeigeführte Beseitigung eines feindlichen Läufers einen starken Angriff einbringt, und so fort. Für den letzteren, gar nicht seltenen Fall ein Beispiel:

Froh

W. Meyer (Hamburg 1936)

Weiß hatte seinen einen Turm für den Lg7 hergegeben (Merkregel: Laß dir den auf der Königsseite fianchettierten Läufer möglichst nicht abtauschen, selbst nicht um den Preis eines Materialgewinns!) und sich dann mit einem ganzen Armeekorps auf den schwarzen Feldern des Gegners niedergelassen. Mit **1. Th5!** Se8 (gh5: Dg5† nebst Lf6‡) **2. Se8:** beendete er die Partie sehr kräftig. Schwarz gab auf, da er nach Tfe8: mit 3. Th7:! Kh7: 4. Dh4† nebst 5. Lf6 unweigerlich mattgesetzt wird. „Froh war betrübt, aber wer war froher als Meyer“, bemerkte hierzu seinerzeit der allzeit humorvolle Altmeister Krüger.

Eine alte Streitfrage: Springer oder Läufer

Soll ich einen Läufer gegen einen Springer tauschen? Möglichst nicht, sagt die Erfahrung, denn der Läufer ist besser. So allgemein ausgesprochen ist diese Regel wie so viele andere im Schach nur mit Vorsicht anzuwenden. Um dieses Problem richtig anfassen zu können, machen wir uns erst einmal klar: wann ist ein Läufer gut, wann ein Springer?

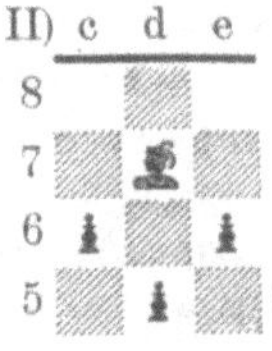

I) Hier ergänzen sich Läufer und Bauern gut; diese schützen die schwarzen, jener die weißen Felder.

II) Hier ist der Läufer schlecht; die eigenen Bauern sind ihm im Wege, die schwarzen Felder ohne Schutz.

Was folgt daraus? Daß der Läufer „laufen“ muß und ihn daher die eigenen Bauern nicht behindern dürfen. Stelle also die Bauern nach Möglichkeit nicht auf Felder von der Farbe des eigenen Läufers!

Für den Springer lassen sich so einfache Merkmale nicht schaffen. Im allgemeinen kann gesagt werden: in offenen Stellungen ist der Läufer besser (weil es da viel zu „laufen“ gibt!), in geschlossenen der Springer (weil ihn seine Springtechnik Felder erreichen läßt, die dem Läufer unzugänglich sind!). Das Läuferpaar ist eine furchtbare Waffe, da es beide Felderfarben des Schachbretts beherrscht; das Springerpaar ist ihm meist nicht gewachsen.

Die Praxis mag zu diesem Thema noch das Wort haben.

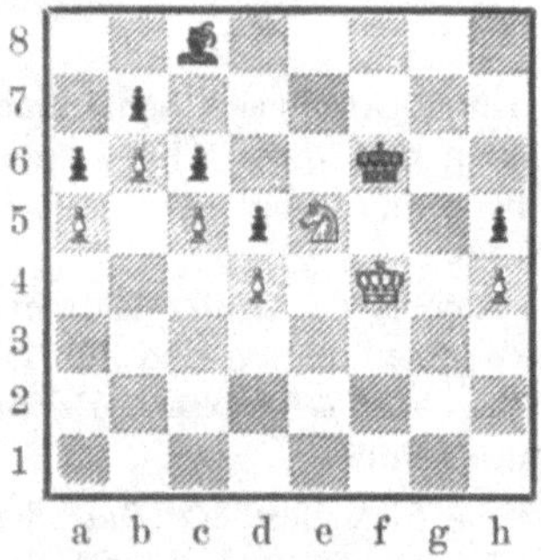

(Nach einer Partie Schlechter-Walbrodt, Wien 1898)

Falsche Strategie von Schwarz: alle Bauern auf der Farbe des Läufers! Der Springer ist hochüberlegen. Schwarz am Zuge ist rettungslos verloren; zieht der Läufer, entscheidet Sc6:! (bc6: b7), zieht der König, so folgt Kg5 mit technisch leichtem Gewinn.

(Siehe Bild auf nächster Spalte)

Welch ein Unterschied zur vorigen Stellung! Hier hat der Läufer lohnende Angriffsziele, da fast alle weißen Bauern auf seiner Farbe stehen. Der Springer ist reine Defensivfigur.

Teichmann

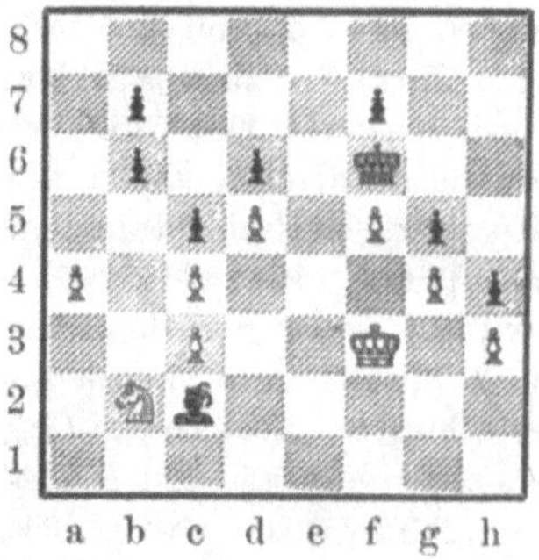

Maróczy

(Meisterturnier Nürnberg 1896)

Schwarz konnte wie folgt gewinnen: **1. .... Ke5 2. Ke3 Le4 3. Sd1** (bei Kf2 folgt Kf4!, und der schwarze König dringt später weiter über e4 vor.) **3..... Lg2 4. Sf2 Lf1 5. Se4** (Dies ist noch der einzige Versuch.) **Lc4: 6. Sg5: Ld5:.** Schwarz gewinnt, wie, wird lehrreich zu probieren sein.

Die Bauernstellung gibt also Anhaltspunkte, ob man lieber den Läufer oder den Springer behalten soll. Sie mag uns bei Tauschabsichten leiten.

Bei jedem Tausch sei auf der Hut,
Mal ist er schlecht, mal ist er gut.
Und willst den Gegner du besiegen,
So laß dich nicht beim Tausch betrügen.

Figuren im Kampfe

Wie aus dem bisher Gesagten wohl hervorgeht, ist der Angriffs- und Verteidigungswert der Figuren durch die Gesamtstellung bedingt. In Anbetracht der Wichtigkeit dieses Themas soll ihm ein besonderer Abschnitt gewidmet werden.

Die „schrägen" Figuren

Betrachten wir zunächst den einfachsten Fall: Läufer und Bauer gegen Läufer. Die verteidigende Partei erreicht leicht Remis, wenn ihr König ein sicheres Feld der Bauernlinie (das ist ein Feld von der entgegengesetzten Farbe des feindlichen Läufers) vor dem Freibauern betreten kann.

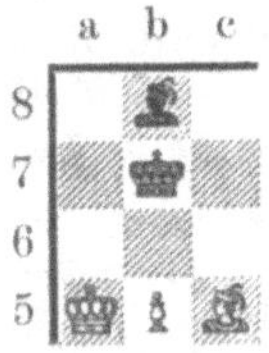

Remis, da es kein Mittel gibt, den Kb7 von seinem guten Felde zu vertreiben.

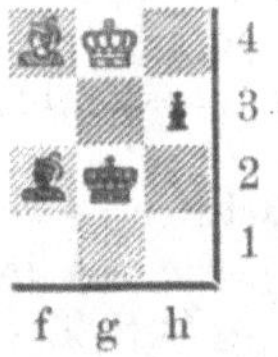

Hier ist der verteidigende König abgeschnitten; Schwarz gewinnt mit dem Abdrängungsmanöver **1. .... Lg1 2. Le5 Lh2 3. Ld4 Lg3**! **4. Lg1** (noch ein Versuch) **4. .... Le1** (**oder Lf2!**) (verhindert den Abwartezug 5. Kh4) usw.

Sehr interessant sind Endspiele mit ungleichfarbigen (ungleichen) Läufern.

Es ist schon richtig, daß sie für die schwächere Partei vorteilhaft sind, weil es oft möglich ist, eine feindliche Bauernmehrheit zu blockieren oder zu hemmen. Ein einzelner Mehrbauer genügt fast nie zum Siege, aber auch zwei Mehrbauern, und sind sie selbst verbunden, haben es bei ungleichen Läufern schwer.

Einen äußersten Fall zeigt das nebenstehende Bild; Schwarz kann nicht gewinnen, da Weiß nach **1. .... f3 2. Lf3:! Kf3:** patt steht. Andernfalls macht Weiß auf der Diagonalen a8–h1 Tempozüge mit dem Läufer.

Die Sache ändert sich aber sofort, wenn auf beiden Seiten Bauern vorhanden sind und Freibauern auf weit auseinander liegenden Linien entstehen. (Siehe Bild auf nächster Seite)

Weiß hat zwar zwei Bauern mehr, aber bei den ungleichen Läufern scheinbar keine Aussicht auf ein Weiterkommen.

Mit einem lehrreichen Durchbruch schafft er sich aber einen

zweiten Freibauern und gewinnt dann leicht: **1. b3! cb3:** (Lb3: 2. Kb5:, und der a-Bauer macht das Rennen!) **2. c4!** nebst **3. cb5:,** da der Bb5 ja den Läufer schützen muß. Wir entnehmen daraus die Regel, daß bei zwei auseinander liegenden Freibauern der König der stärkeren Partei denjenigen Bauern unterstützt, der nur vom feindlichen Läufer bekämpft wird.

Einem Läufer darf man freiwillig keine schräge Linie öffnen. (Siehe Bild auf nächster Spalte)

Scholz

Wolf (Berlin 1939)

Der schwarze a-Bauer ist eine Großmacht; der weiße Läufer könnte ihn nur über die Diagonale a1—h8 aufhalten, und die versperrt der eigene Bauer auf c3. Mit **1. .... Sc5!** konnte Schwarz daher glatt gewinnen; der a-Bauer marschiert ungehindert nach a1. Was aber zog er? **1. .... Sc3:†??** Er beseitigt den für Weiß hinderlichen Bauern! Es folgte **2. Kd6: Sa4 3. Kc6 Sb2,** und zum Glück für Schwarz überschritt Weiß die Zeit. Nach **4. Kb5! a4 5. Le5!** hätte sich Schwarz sehr anstrengen müssen, um die Partie nicht noch zu verlieren. (Caïssa verteilt ihre Huld offenbar je nach Laune!) — —

Ein Läufer, der das Umwandlungsfeld eines eigenen weit vorgerückten Freibauern bestreicht, ist ein gefährlicher Geselle! (Siehe Bild auf nächster Seite)

Nach **1. .... b6?** gewann Weiß mit **2. Te6:! fe6: 3. Lc7! T∼ 4. cb6:,** und der Bauer erobert schließlich den schwarzen Turm.

Eine typische, so oder ähnlich oft wiederkehrende Wendung!

Cala

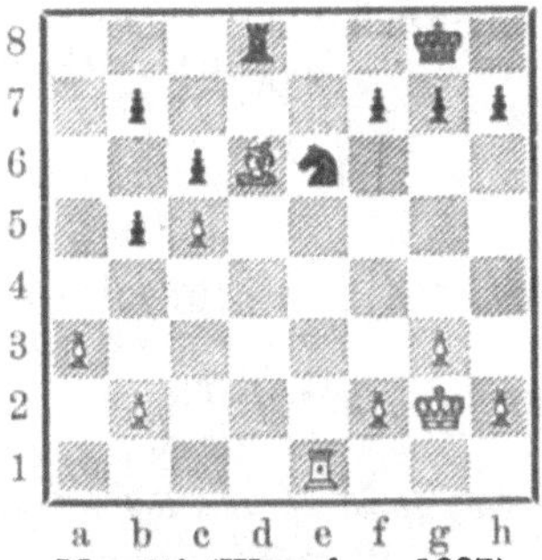

Marotti (Warschau 1937)

Warum werfen wir so oft Streiflichter auf das Endspiel? Nun, der Weg zum Matt ist manchmal recht umständlich und nur über ein „langweiliges“ (!?) Endspiel zu erreichen. Der Lernende lernt dabei zu gleicher Zeit den Wert der Figuren besser einschätzen, was ihm nur von Nutzen sein kann.

Im Mittelspiel ist der Läufer zu großen Taten fähig, besonders wenn es ihm gelingt, in die Rochadestellung des Gegners einzudringen.

(Siehe Bild auf nächster Spalte)

Der Lf3 ist ein unangenehmer Wächter! Mit **1. .... Dh6!!** (Drohend Dh2‡! Kh2: Th6† Kg1 Th1‡.) **2. g4** (Schafft evtl. das Fluchtfeld g3. Nach Th6:

(Variante zu einer Partie Keres-Rojahn, Buenos Aires 1939)

Th6: wäre das Matt undeckbar.) **2. .... De6!** kommt Schwarz zu einem unparierbaren Angriff.

Einen besonders schönen Fall, wo der Läufer von weit her die feindliche Rochadestellung beschießt, lernen wir nun kennen.

N.N.

V. Vukovic (Jugoslawien 1937)

1. Sf5!. Dieser Zug ist naheliegend (1. .... Td1: 2. Se7:‡; 1. .... gf5: 2. Tg4†); aber was kommt auf **1. .... Dh4:?** Nun: **2. Dh5!.** Ein Prachtzug, wie man ihn nur selten zu sehen bekommt. Schwarz wird matt oder verliert die Dame. Wer es nicht glaubt, prüfe es nach! (Auf 1. Sf5 Dg5 käme 2. Dc1! f6 — Df5:, Dh6 — 3. Dg5: fg5: 4. Sh6‡.) Der Lb2 zieht überhaupt nicht und doch trägt er den Hauptteil am Erfolg!

Ein gut postiertes Läuferpaar übt eine unheimliche Macht aus.

Rügamer

Schmitt (Stadtprozelten 1936)

Fernwirkung der beiden weißen Läufer auf idealen Diagonalen gegen den feindlichen König! Mit **1. Se7† Kh8 2. e6!** demaskierte Weiß den Lb2. Die Dame ist angegriffen, auf g7 droht Matt und zu allem Überfluß steht auch noch der Th6 ein! **2. .... Se6: 3. Dh6:.** Aufgegeben, da entweder auf g7 oder h7 Matt folgt.

Wir sahen den Läufer mal hier und mal da.
Bald schoß er von ferne, bald kam er von nah.
Und wenn er mit Wirkung den König bedroht,
Bringt Angst er und Schrecken, Verwirrung und Not!

Galoppaden des Springers

Der Springer ist eine wundervolle Figur, voller Witz und Überraschungen. Seine Galoppaden führen oft zu prachtvollen Wendungen, aber er hat auch seine Schwächen! Im Endspiel ist er meist im Kampf gegen Freibauern recht ungeschickt.

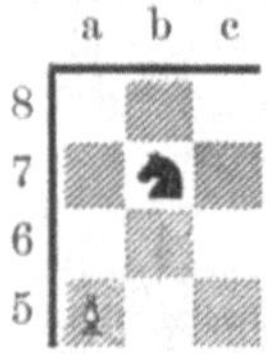

Vorausgesetzt, daß der schwarze König nicht in der Nähe ist, läuft der weiße a-Bauer nach **1. a6** ungehindert in die Dame.

Denkt man sich den Springer nach b8 und den Bauern nach a6, so gewinnt 1. a7 ganz einfach.

Auf dieser Schwäche des Springers beruhen dann Wendungen wie die folgende.

N.N.

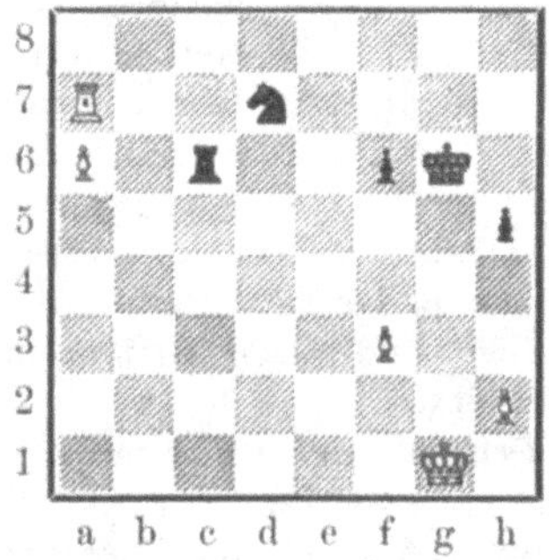

Heuäcker (Münster 1936)

Die letzte Hoffnung von Weiß, den Freibauern, konnte Schwarz mit 1. .... Sc5! unschädlich machen. Er griff aber den Freibauern von vorn an: **1. .... Sb8??** und erlebte nun eine böse Überraschung: **2. Tg7†!! Kg7: 3. a7,** und der Bauer verwandelt sich! Fast fühlt man sich versucht, zu sagen: Der Springer gehört wie der Turm im Turmendspiel (wovon noch die Rede sein wird) hinter die Freibauern, die eigenen wie die feindlichen. Hierzu noch ein typisches Beispiel.

Wie soll der Springer seinen Bauern decken?

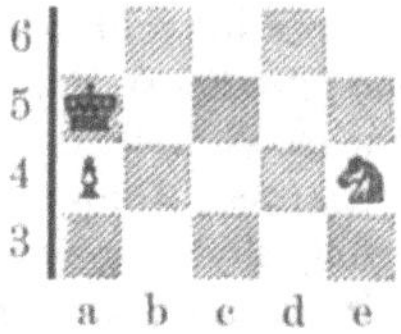

Nach **1. Sc5?** hätte Schwarz Zeit, mit **1. .... Kb4!** (Kb6? Sb3!) zunächst den Springer und dann den Bauern zu holen, sofern der Springer nicht sogleich den Bauern preisgibt. **1. Sc3!** dagegen sichert den Bauern vollkommen, da Schwarz keine Zeit hat, den Sc3 zu schlagen. (Der a-Bauer ginge zur Dame!) Weiß kann dann in Ruhe seinen König heranbringen!

Im Kampf gegen den von seinem König unterstützten Freibauern hält der Springer meist remis.

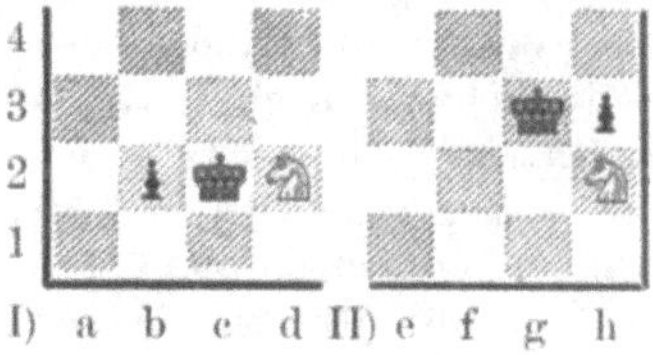

I) Schwarz gewinnt!? Keineswegs! Mit **1. Sc4! b1D 2. Sa3†** hält Weiß in bekannter Art remis.

II) Auch hier remis durch **1. Sf1† Kg2 2. Se3† Kf2 3. Sg4† Kg3 4. Se3!,** da nun **4. .... h2** an **5. Sf1†** scheitert.

Mitunter kann der Springer, der einen feindlichen Freibauern zu bewachen hat, dem eigenen, weit entfernten König bei der Verwertung eines eigenen Freibauern in mächtigen Sätzen zu Hilfe kommen.

Eiber

Borth (Berlin 1933)

Beide Gegner reichten sich hier versöhnt die Hände. Dabei hätte Schwarz nach **1. .... h4 2. Kh2 h3 3. Kg1 Kg3 4. Kh1 Sc8 5. Kg1 Sd6 6. Kh1** mit dem feinen Sprungmanöver **6. .... Se4! 7. c8D Sf2† 8. Kg1 h2† 9. Kf1 h1D† 10. Ke2 Dd1† 11. Ke3 Dd3** mattsetzen können! Der Schachfreund merke sich zum Vergleich, daß ein schwarzer Läufer auf c8 (an Stelle des Se7) noch leichter gewinnt, dagegen ein schwarzer Läufer auf d6 (der also den Bc7 schlagen könnte) wegen der „falschen" Ecke nur remis macht.

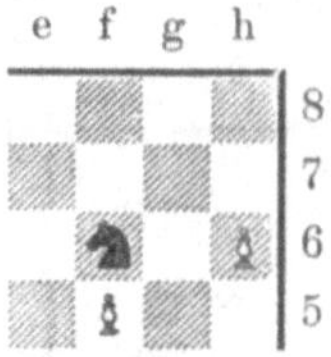

Hat der Gegner zwei voneinander getrennte Freibauern, so vermag sie der Springer nur in seltenen Fällen aufzuhalten, siehe z. B. das obenstehende Bild.

Hier sind beide Freibauern gestoppt.

Denken wir uns aber den Bf5 auf e6 stehend, so gewinnt Weiß mit **1. e7**, da einer der beiden Freibauern unweigerlich eine Dame wird.

Viel mehr Freude bereitet der Springer im Mittelspiel. Einen typischen Kavallerieangriff bringt uns das folgende Schlußspiel.

St.

Eckardt (Berlin 1938)

Mit **1. Sdf7† Kh7 2. Sg5†!! Kh8** (hg5:, Dh3‡!) **3. Sef7†!** setzte Weiß seine Springer vorbildlich ein. Schwarz mußte die Dame geben.

Einen spannenden Schlußkampf, der die Angriffs- und Verwertungsmöglichkeiten von Springer und Läufer gut beleuchtet, lieferten sich die beiden Gegner in nachstehendem Spiel.

Kaila

Keres (Tartu 1938)

Hier hatte Keres auf d1 einen Turm einstehen lassen, weil er sich von der Abzugsdrohung des Sf7 sofortigen Gewinn versprach. Aber .... **1. .... De3† 2. Kh1 Lg2‡! 3. Kg2: Db3:!!.** Die glänzende Pointe. Nach **4. ab3:** kommt **Se3†** mit Rückgewinn der Dame; auch **4. Sh6† gh6: 5. Dg4† Kh8 6. ab3: Se3†** ändert daran nichts. Triumph des Springers! Und zugleich ein Meisterstück von Schwarz.

„Ewige Springer", weder durch Bauern angreifbare noch durch Abtausch zu beseitigende Springer, sind von lähmender Wirkung auf das Spiel des Gegners.

Die Springer a5 und f5 beherrschen das Brett. (Ausnahmsweise ist hier einmal ein

Korody

A. Becker (Tatatovaros 1935)

Springer am Rande stark!) Der Lc8 spielt nur eine sehr bescheidene Rolle. Die Partie nahm folgenden weiteren Verlauf: **1. Tf3! Kh8** (Oder Kf7, Tg3, denn nun geht Tg8 nicht wegen Sh6†.) **2. e4 Lb7 3. Sd6: Lc8** (Nun hofft Schwarz, mit Tb6 und d6 endlich den Läufer freizuspielen. Aber Weiß hat eine besondere Feinheit in petto!) **4. a3! Tb6 5. c4! bc4:** (Td6:, c5 mit Turmgewinn!) **6. Sac4:Tb8 7.Kf2.** Es ging natürlich auch 7. Se5:. Der Textzug ist aber bissiger, denn Schwarz hat nun keine vernünftige Antwort mehr, z. B. 7. .... Kg7 8. Sf5† Kf7 9. Scd6†. Er gab daher auf.

Seht des Springers schillernde Gestalt,
Seines Sprunges trutzige Gewalt,
Seinen Großeinsatz im Kampfgewühl,
Und sein Ungeschick im Bauernspiel.
Gebt ihm eine gute Führung nur,
Ihm, des Schachspiels prächtigster Figur!

Schweres Geschütz fährt auf

Die Türme und die Dame verfügen über eine ganz andere Durchschlagskraft als die leichten Figuren. Trotzdem haben sie es im Kampfe gegen einen weitvorgerückten Freibauern nicht leicht. Wir wollen auch hier einige markante Grundfälle vorführen.

Der Wettlauf zwischen Bauer und Turm führt nur dann zum Gewinn für den Turm, wenn sein König rechtzeitig an den Bauern herankommt.

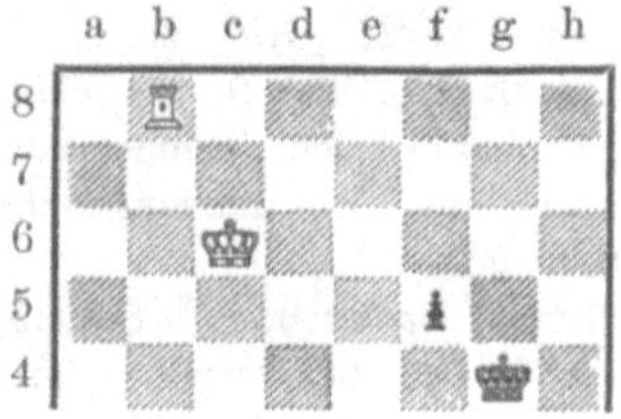

(19. Wettpartie Aljechin-Bogoljubow, 1929)

Hier hatte Bogoljubow einige Züge vorher den groben Fehler gemacht, den König nach g4 (anstatt e4) zu führen. (Merksatz für solche Fälle: Der Bauernkönig muß seinen Bauern auf der Seite unterstützen, auf der sich der feindliche König anzunähern trachtet.) Er verlor dadurch sang- und klanglos wie folgt: **1. .... f4 2. Kd5 f3 3. Ke4 f2 4. Tf8 Kg3 5. Ke3.** Aufgegeben. Der weiße König kam zu schnell heran.

Stellen wir aber den schwarzen König nach e4, so bleibt die Partie remis, wie Analysen nach der Partie ergaben. **1. .... f4 2. Kc5 f3 3. Kc4** (Auf Te8† folgt nicht Kf4? Kd4! [und Weiß gewinnt], sondern Kd3!. Immer so ziehen, daß dem feindlichen König die Annäherung nach Möglichkeit erschwert wird.) **3. .... f2 4. Tb1.** (Tf8 Ke3 oder

Te8† Kf3 führt zu keinem anderen Ergebnis.) **4. .... Ke3!** (Eingedenk der eben wiedergegebenen Regel! Ja nicht 4..... Kf3? 5. Kd3!.) **5. Kc3 Ke2** Remis. Was so ein Freibauer doch für eine Macht ist! Steht der Turm ungünstig, kann er sogar verlieren. Hier gewinnt Schwarz mit **1. .... e2! 2. Tf5† Ke6 3. Tf8** (Der einzige Versuch: Schach von hinten!) **3..... Ke7!**, und gegen die Verwandlung des e-Bauern ist kein Kraut gewachsen! Wollte Weiß weiterkämpfen, so müßte er mit Turm gegen Dame spielen. An sich ist dieser Kampf aussichtlos, aber von der Dame wegen der unter Umständen bestehenden Pattgefahr nicht leicht zu gewinnen. Beim Kampf der Dame gegen den Turm besteht die Aufgabe der stärkeren Partei darin, den Turm von seinem König zu trennen und ihn dann zu erobern, oder aber das Matt zu erzwingen. Beides wird erschwert, wenn der Gegner, an den Rand gedrängt, Pattaussichten erlangt.

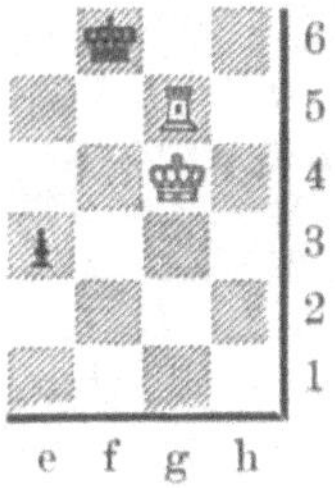

Schwarz macht remis; **1.... Tf7† 2. Kg6** (Ke5? Te7) **2. ..... Tg7† 3. Kh6** (Kf6, Tg6†! Kg6: Patt!) **3. .... Th7† 4. Kg6** (Kh7: wieder Patt!) **4. .... Th6†! 5. Kh6:** (Die dritte Pattstellung!) Typische Wendungen, die man kennen muß!

Ponziani

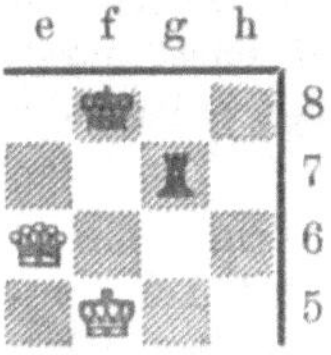

Philidors Zugzwangstellung, eine von denen, die die Damenpartei anstreben muß. Schwarz am Zuge kann Matt oder Turmverlust in höchstens 5 Zügen nicht vermeiden. Bitte ausprobieren!

Philidor

Der Turm hat weit mehr Remischancen, wenn seine Partei noch über einen Bauern verfügt. Hierauf näher einzugehen, ist an dieser Stelle nicht möglich. Weisen wir nur darauf hin, daß der Bauer den Turm und der König den Bauer deckt, ferner, daß der Turm so postiert sein muß, daß er dem feindlichen König den Zugang zu dem Bauern sperrt.

Die häufigsten Endspiele im Schach sind die Turmendspiele.

Das liegt daran, daß die Türme nicht sogleich in das Spiel eingreifen können und schwerfälliger zu entwickeln sind. Sie bleiben daher zum Schluß meist übrig, und nun muß der Spieler die Entscheidung nolens volens im Turmendspiel suchen. Obwohl schon Tausende von Turmendspielen gespielt worden sind, haben sich zwar allgemeine Anhaltspunkte, aber noch keine regelrechte Systematik ergeben. (Und das ist gut so!) Wir müssen uns hier damit begnügen, ein paar vorkommende typische Fälle zu erörtern.

Ein wichtiger Merksatz: *In Turmendspielen mit nur einem Bauern wird sich der schwächere König bemühen,*

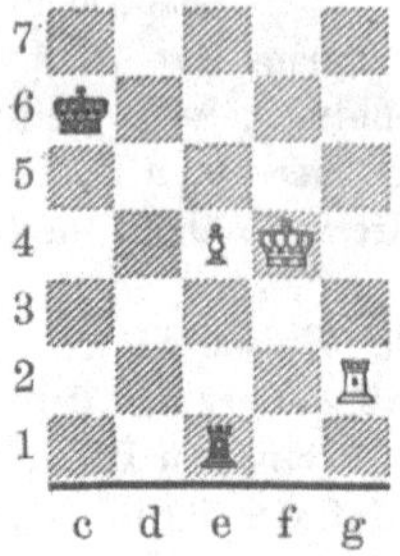

das Umwandlungsfeld des Bauern zu besetzen. Wichtiger als das Vordringen des Bauern ist daher die Abschneidung des feindlichen Königs.

Falsch wäre hier **1. e5?**, denn nach **Kd7!** gelangt der schwarze König **vor** den Bauern, was das Remis bedeutet. Richtig ist **1. Td2!**, was den König abschneidet. Der Kampf würde etwa folgenden Fortgang nehmen: **1. .... Tf1† 2. Kg5 Tg1†** (Tf8, e5) **3. Kf5! Tf1† 4. Ke6! Te1 5. e5 Kc7 6. Kf6 Tf1† 7. Ke7 Te1 8. e6 Tf1 9. Tc2† Kb7 10. Kd7 Td1† 11. Ke8 Te1 12. e7 Tf1.** (Wie nun weiter? Da hilft Weiß der sogenannte Brückenbau.) **13. Tc4! Tf2** (Schwarz muß abwarten) **14. Kd7 Td2† 15. Ke6 Te2† 16. Kf6! Tf2†.** (Bietet Schwarz nicht Schach, so spielt Weiß am einfachsten Tc5 nebst Te5. Bei Kb6 folgt Tc8.) **17. Ke5!! Te2† 18. Te4!** Die Brücke, die die Umwandlung des Freibauern sichert.

Die Erfahrung lehrt: *Die Türme gehören hinter die Freibauern, hinter die eigenen wie die feindlichen.* Der Turm hat eben mehr Stoßkraft als Auffangkraft.

(Siehe Bild auf nächster Seite)

Hier wird die an sich ungünstige Turmstellung von Schwarz durch die bessere Position seines Königs ausgeglichen. Weiß

Engels

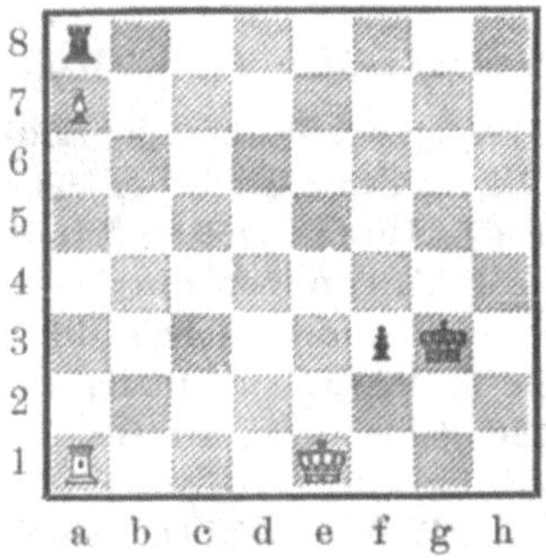

Weißgerber (Deutsche Meisterschaft, Aachen 1935)

mußte jetzt so spielen, daß er die Herrschaft über das Umwandlungsfeld des Bf3 (f1) behält. Sofort Kf1?, verliert aber wegen Th8!. Richtig war **1. Ta6!**, um mit dem Turm hinter den feindlichen Freibauern zu kommen und auch die sehr wichtige Möglichkeit zu Schachgeboten zu erhalten, mit leichtem Remis. Es geschah aber **1. Ta3? Kg2! 2. Ta2† Kg1 3. Ta1** (Jetzt gibt es keine Rettung mehr!) **3. .... f2† 4. Ke2† Kg2.** Aufgegeben. Es folgt Te8† nebst f1D.

Ein beliebtes und häufig angewandtes Kampfmittel ist die Ablenkung des feindlichen Turmes durch Opfer des eigenen, wonach der Freibauer glatt durchgeht.

I) II)

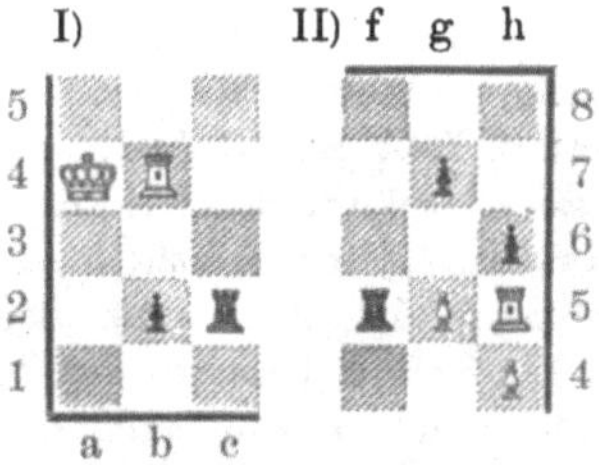

I) **1. .... Tc4!!**, und der Bb2 wird eine Dame.

II) **1. gh6:!! Th5: 2. hg7:**, und der Bg7 wird eine Dame.

Grundregel für alle Turmendspiele: Führe den Kampf nicht passiv, sondern suche den Gegenangriff! Opfere lieber einen Bauern, als daß du dich in eine mühselige Verteidigung drängen läßt.

Weiß hat einen Bauern mehr und sollte gewinnen. Mit dem überstürzten Vorgehen **1. a4!?**

K. Richter (Berlin 1940)

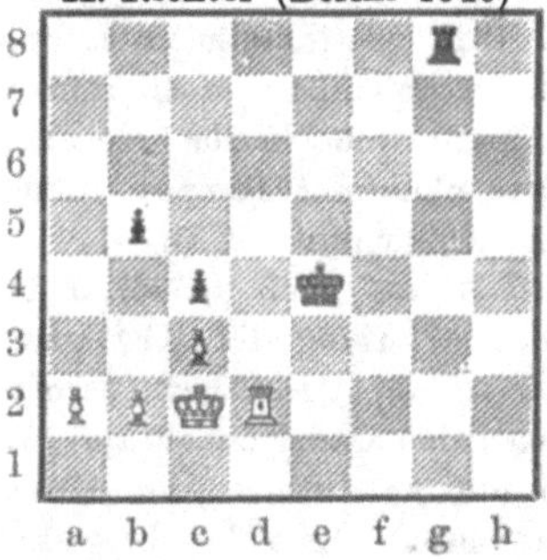

Dr. Taeffner und Beratende

erschwerte sich aber Weiß die Sache erheblich. Es folgte **1. .... ba4: 2. Td4† Ke3 3. Tc4:.** Die passive Deckung des Ba4 durch Ta8 wäre jetzt gänzlich aussichtslos, da Weiß mit dem König nach a3 kommt oder (im Falle von a4—a3) mit dem b-Bauern natürlich vorbeizieht. **3. .... Tg2† 4. Kb1 a3!.** Dieser überraschende Vorstoß sprengt die weißen Bauern und legt, was mindestens ebenso wichtig ist, die zweite Reihe bloß. Der Plan geht dahin, den weißen König am Rande festzuklammern und ihm dann dort ein ewiges Schach zu geben. **5. ba3:.** Bei 5. b4 Kd3 6. Tc8 Tb2† 7. Ka1 Kc2! nebst Kb3! ist an einen Gewinn für Weiß überhaupt nicht zu denken. **5. .... Kd3 6. Tc8 Tg7.** Um auf der b-Linie in den Kampf einzugreifen. **7. Kb2?** Gewinnaussichten bot hier trotz allem noch immer 7. Ka2!, wonach der schwarze Turm nicht mit Tempo auf die b-Linie kommt. Z. B. 7. .... Tb7 8. a4 Kc2 9. a5! Tb5! 10. Ka3! Ta5‡ 11. Kb4 usw. **7. .... Tb7† 8. Ka2 Kc2.** Remis. Gegen das Dauerschach auf b1, b2 und evtl. b3 ist kein Kraut gewachsen. Hier brachte also der Gegenangriff die Rettung!

Wenn dich der Gegner schlagen will,
so schlage wieder, halt' nicht still!

Folgendes gilt für alle Endspiele, und in besonderem Maße für die Turmendspiele: Nicht die Zahl, sondern der Wert der Freibauern entscheidet! Wer im Endspiel nur die Bauern zählt, ist schlecht beraten. Ein vordringender Freibauer, der nicht leicht aufgehalten werden kann, wiegt oft mehr als zahlenmäßige Übermacht auf Seiten des Gegners.

Barcza

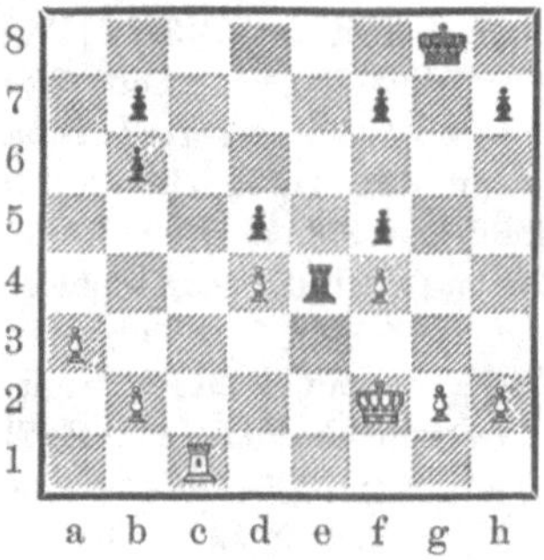

Dr. Euwe
(Maróczy-Jubiläumsturnier, Budapest 1940)

1. Tc7! Dr. Euwe hat tief und weit gerechnet. Für die beiden Damenflügelbauern des Gegners gibt er seine sämtlichen

Bauern am Königsflügel her. Der Witz ist, daß er dabei verbundene Freibauern bekommt, die schnell laufen und sich gegenseitig unterstützen, während der Gegner nur über vereinzelte ungefährliche Freibauern verfügt. **1. .... Td4: 2. Ke3 Te4† 3. Kd3! Tf4: 4. Tb7: Tf2 5. Tb6: Tg2: 6. a4.** Schwarz ist rettungslos verloren. Weiß zieht im richtigen Augenblick Tb6—b3—a3 und läuft mit dem a-Bauern, den Schwarz mit seinem Turm blokkieren muß. Darauf gewinnt der Nachstoß des b-Bauern leicht. **6. .... Th2: 7. a5 Th1 8. Tb3! Th3†** (Ta1, Ta3!) **9. Kc2 Th2† 10. Kb1 Te2 11. a6 Te7 12. Ta3!.** Aufgegeben, da auf Ta7 13. b4 usw. folgt (wie eben skizziert). Auch an diesem kleinen Beispiel erkennen wir den Grundgedanken, der das ganze Schachspiel durchzieht: Schach, das Spiel der Qualität, nicht der Quantität; der Sieg der Idee, nicht des Besitzes!

Wir schließen unsere Betrachtungen über das Turmendspiel mit einem Hinweis auf das Patt, das auch in Turmendspielen oft die letzte Rettung bedeutet.

„Remis?" fragte Weiß unschuldig seinen Gegner, und wurde natürlich hohnlächelnd abgefertigt. Aber nach **1. Td2!!** wurde Schwarz sehr kleinlaut; entweder muß er mit **Td2:** den Gegner pattsetzen, oder aber den Mehrbauern aufgeben.

(Partie Czach—Kipke, Berlin 1936)

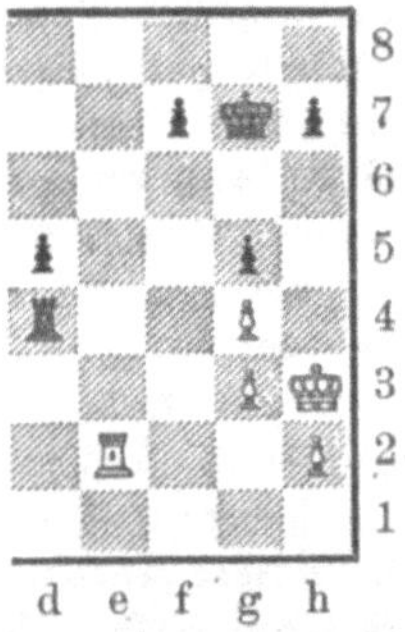

Über die Bedeutung der Türme im Mittelspiel wird im folgenden Abschnitt noch zu reden sein. Daß sie offene (= von keinen

Bogoljubow

B. Koch (Berlin 1935)

Bauern besetzte) Linien brauchen, um zu wirken, ist bei einigem Nachdenken wohl zu verstehen. Hier nur ein Beispiel, wie man Türme nicht aufstellen soll. (Siehe Bild auf voriger Seite)

Die weißen Türme: ohne jede Wirkung, nur mit der Bauerndeckung beschäftigt („Vermeide es im Mittelspiel möglichst, einen Bauern mit einer schweren Figur zu decken!“); die schwarzen Türme: auf wirksamen Linien, glänzend postiert, mit einem Höchstmaß an Kraft! Es folgte kurz und bündig: **1. .... a3! 2. ba3: Se4!!**, und Weiß gab auf, da 3. de4: an Te3‡ scheitert und andernfalls bei kläglicher Stellung die Qualität verloren geht. (Der Zug 1. .... a3! machte das Feld c3 frei!)

Die Dame tritt im Spiel bald in der Gangart des Turmes, bald in der des Läufers in Tätigkeit und ist natürlich dadurch besonders mächtig, daß sie beides in sich vereinigt. Das ist z. B. auch ihr Vorteil im reinen Endspielkampf (ohne Bauern) Dame gegen Turm + Läufer bzw. Turm + Springer, der in normalen Fällen aber doch remis endigt.

Damenendspiele gehören zu den gefürchtetsten Endspielen, weil sie infolge der meist möglichen unübersehbaren Schachgebote schwer zu führen und mitunter recht langdauernd sind. Auf der anderen Seite gewinnt hier der Freibauer eine ganz andere Bedeutung als in den

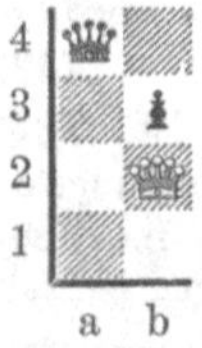

übrigen Endspielen, weil die Dame allein nicht imstande ist (wie etwa der Turm), ihn erfolgreich zu blockieren. Hier wird die weiße Dame mit **1. .... Da2!** vertrieben (vorausgesetzt, daß der weiße König entfernt steht).

Widmen wir noch kurz ein paar Worte dem Endkampf aller schweren Figuren (auf beiden Seiten je Dame und zwei Türme), der meist (selbst mit einem Mehrbauern) Remischarakter trägt, weil die große Beweglichkeit der Großkampffiguren eine feine Spielführung und subtile Ausnutzung eines kleinen materiellen Vorteils fast unmöglich machen. Es muß aber darauf hingewiesen werden, daß gerade die große Beweglichkeit, richtig eingesetzt, oft doch eine Entscheidung ermöglicht, wenn nämlich der Gegner die feindlichen Waffen zur vollen Entfaltung kommen läßt. Ein Beispiel soll die Möglichkeiten solcher Schlußkämpfe kurz andeuten.

(Variante zur Partie Brinckmann—von Hennig, Kiel 1935. Nach einer Analyse von Brinckmann)

Der Schlüsselpunkt der Stellung ist die c-Linie. Gelingt es Schwarz, auf ihr in das weiße Spiel einzudringen und den weißen König zum Kampfe zu fordern, so sieht es offenbar gut um ihn aus. Aber mit **1. .... Db5:** ist das gesteckte Ziel nicht zu erreichen, denn nach **2. Tb5: Tc1† 3. Kg2 T8c2† 4. Kh3 Th1** ist Weiß mit **5. Tb7‡!** am Ruder und gewinnt. (Bitte nachprüfen!)

Deshalb ist **1. .... b6!** der stärkste Zug für Schwarz. Wenn nun **2. ab6:**, dann schlägt die oben ausgeführte Kombination durch, weil nun späteres Tb7‡ nicht mehr möglich ist. Wenn aber **2. Tc7:**, so **Dc7: 3. Da1** (bei Tb1 nimmt Schwarz ruhig auf a5) **3. .... Dc4,** und Schwarz hat starken Angriff (z.B. 4. ab6:! Ta8! — nicht Db5:? Da7† — 5. Db1 Ta2!).

Eine prächtige Illustration des Kampfes schwerer Figuren!

Wollt ihr eine Stellung stürmen?
Wohl! Heran mit allen Türmen!
— — So brecht ihr den Widerstand.
Wollt den Bauern ihr verwandeln,
Müßt den Turm ihr fein behandeln,
Klug, mit schnell entschloss'ner Hand!

Etwas vom König

Daß der König im Mittelspiel nicht am Kampfe teilnehmen, sondern wohlverwahrt an einer sicheren Stelle stehen soll, ist eine Binsenwahrheit. Daraus folgt auch, daß der König als

Pätzold

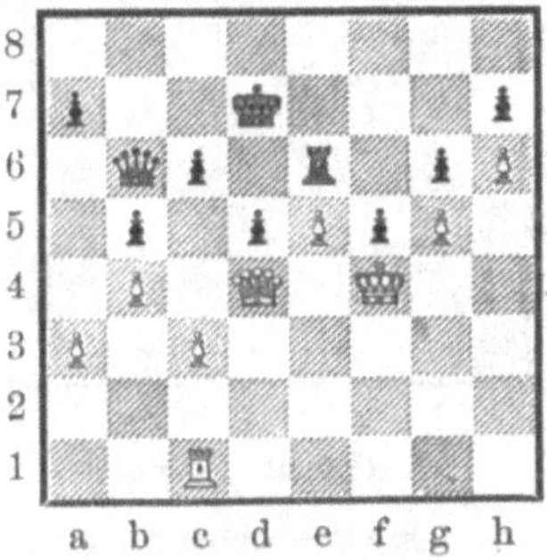

Gründer (Nowawes 1930)

Deckungsfigur möglichst nicht verwendet werden darf. Selbst bei sehr verkleinertem Figurenmaterial sind dann Überraschungen wie die vorstehende möglich.

Der König als Deckungs-(Blockade-) Figur!? **1. .... Te5:!!** Ein glänzender Überfall! Bei 2. Db6: Te4† nebst 3. .... ab6: hat Schwarz ein leicht gewonnenes Endspiel. **2. Ke5:** (De5:, Df2‡). **2. .... Db8† 3. Kf6 Df8† 4. Ke5 Dd6‡.**

Wir sehen daraus, wie gefährlich es ist, den König selbst in endspielartigen Stellungen zu schnell nach vorn zu bringen. Wir können es uns nicht versagen, noch auf das folgende lustige Schlußspiel hinzuweisen.

Gruhl

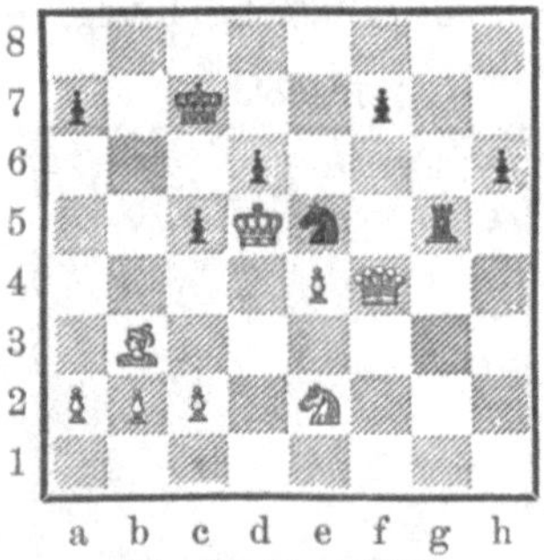

M. (Berlin 1931)

Schwarz hatte soeben die Dame geopfert, um sie nun mit Abzugschach zurückzugewinnen. Da 1. Df1 an Sg4† 2. Kc4 Se3† scheitert, hätte Weiß am besten 1. Dg5: gezogen. Wohl bleibt sein König eingeklemmt, aber Schwarz kann dies nicht ausnutzen. Er spielte aber **1. Df6?**, um nun auf ein Springerabzugschach die Dame gegen den Turm zu opfern und dann mit dem König über c4 zu entweichen. Was aber folgte zum Gaudium der Kiebitze? **1. .... Sd7† 2. Dg5: Sb6‡!!.** So wurde der fürwitzige König doch noch bestraft!

Was in kombinationsschwangeren Stellungen ein Fehler ist (den König ins Treffen zu führen), ist im Endspiel eine Hauptforderung. Hier wagt sich der König vor und muß es, denn bei der Unterstützung bzw. Bekämpfung der Freibauern spielt er die Hauptrolle. Zunächst ein „geometrischer" Hinweis.

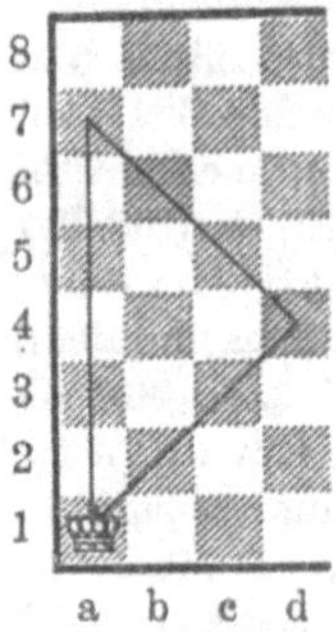

Welcher Weg ist weiter? Der direkte von a1 nach a7 oder der indirekte über die Diagonalen von a1—d4—a7? Nun, der Schachfreund wird erstaunt sein: für den König sind beide Wege gleichlang! Er kann sich also einen scheinbaren Umweg erlauben und kommt dennoch rechtzeitig ans Ziel. Im Endspiel kann dieses Wissen eine große Bedeutung erlangen.

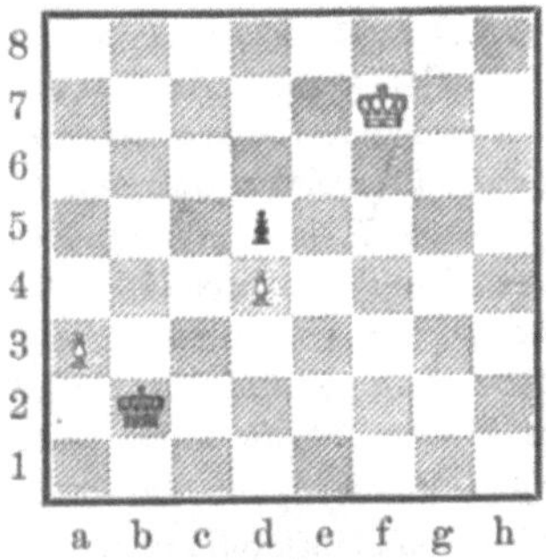

Würde Schwarz hier sofort auf a3 schlagen, so würde er nach Ke6 nebst Kd5: glatt verlieren. Läßt er aber den weißen a-Bauern zunächst laufen und holt sich erst den d-Bauern, so kommt er immer noch zurecht: **1 .... Kc3! 2. a4 Kd4: 3. a5 Kc5 4. a6 Kb6.** —

Wie führt der König einen Freibauern? Soll er ihn „vor sich her schieben" oder „hinter sich her ziehen"? Das letztere ist das richtige!

Nach 1. g4? bekäme Schwarz mit 1. .... Kf6! die Opposition und könnte nicht mehr verlieren.

Richtig ist **1. Kg4!** (Weiß drängt mit Hilfe der Opposition den schwarzen König erst zurück!) **1. .... Kh6 2. Kf5! Kg7 3. Kg5 Kh7 4. Kf6 Kg8 5. Kg6 Kh8 6. g4** (Jetzt erst wird der Bauer nachgezogen!) **6. .... Kg8 7. g5 Kh8** (Kf8, Kh7) **8. Kf7,** und gewinnt. Erst ging der König als Wegbahner voran; nun, auf gesicherter Zugstraße, folgte der Bauer.

Der Randbauer gewinnt mit Unterstützung des Königs nie, sofern der gegnerische König sein Umwandlungsfeld beherrscht. Es gibt sogar Remisstellungen, bei

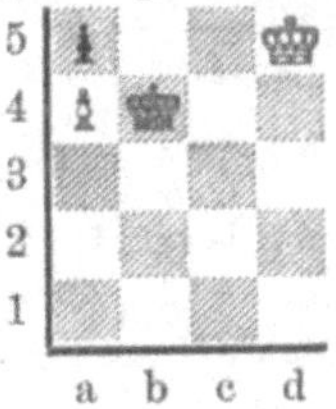

denen der Bauernkönig vor dem Randbauern steht. Der Witz dabei ist, daß er eingeschlossen werden kann.

Mit **1. .... Ka4:** kann Schwarz sich wohl einen Freibauern schaffen, aber nicht gewinnen, denn mit **2. Kc4** (der waagerechten Opposition) sperrt ihn der weiße Gegenspieler ein. Aus dieser Einsperrung kann er zwar nach **2. .... Ka3 3. Kc3! a4 4. Kc2!** mit **4. .... Kb4** (Ka2, Kc1!) herauskommen, allein dann gelangt Weiß mit seinem König nach a1, wonach es unwiderruflich remis wird.

Zum Begriff der Opposition für die noch nicht mit ihm Vertrauten ein kleiner Hinweis.

Senkrechte (Linien) Opposition

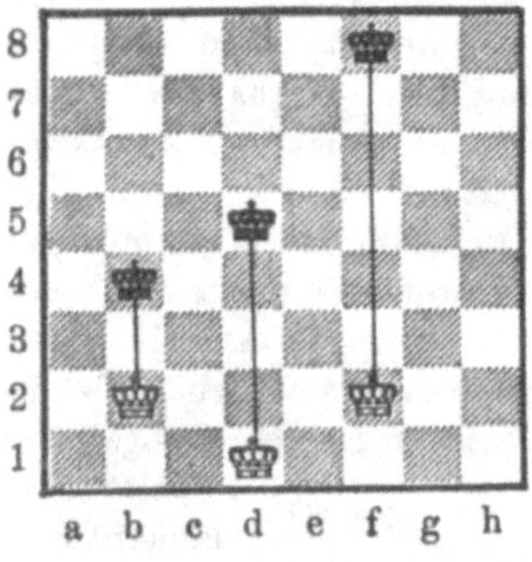

a) b) c)

a) Nahopposition (Die gebräuchlichste Form)
b) Fernopposition (Dreifelderabstand)
c) Fernopposition (Fünffelderabstand)

Dieselben Formen können sich auch auf den Reihen (waagerechte Opposition) und Diagonalen (diagonale Opposition) wiederholen. Die Opposition spielt im Raumkampf des Endspiels eine große Rolle; die Partei, die nicht am Zuge ist, hat die Opposition. Der Gegner muß sie aufgeben. Der Witz ist der, daß der die Opposition verlierende Teil dem anderen König Raum geben muß. Welche Opposition nun den gewünschten Erfolg hat: die Nah- oder die Fernopposition, das hängt ganz von der gegebenen Stellung ab — und ist im übrigen ein Thema für ein neues Buch!

Am Rande spielt die Opposition bei Mattstellungen eine Rolle (siehe unter anderem Mattbild König + Turm gegen König). Einen lehrreichen Fall führen wir hier noch an.

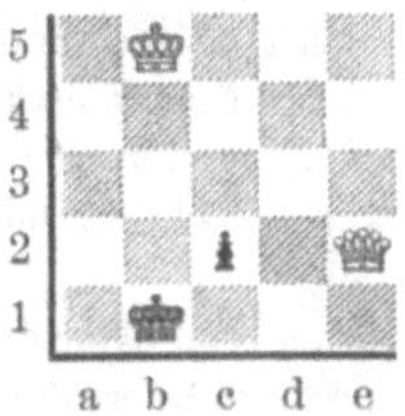

Für gewöhnlich macht der Läuferbauer (einen Zug vor der

Umwandlung, unterstützt von seinem König) remis, weil „sein“ König im richtigen Augenblick in die Ecke ziehen und den Bauern preisgeben kann (Patt!). (Aus dem gleichen Pattgrunde macht der Randbauer, der sich allerdings nicht schlagen lassen darf, remis.) Hier aber kann Weiß den König rechtzeitig heranbringen: **1. Kb4 c1D 2. Kb3!**, und Schwarz ist gegen das Matt wehrlos.

Selbst der Turm kann auf gleiche Weise in einer besonderen Stellung gegen die Dame gewinnen, wenn der König die Oppositionsstellung am Rande einnimmt.

(Nach J. Moravec)

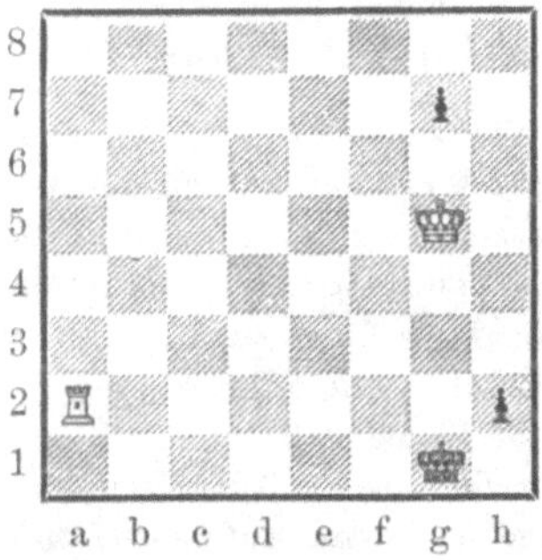

Weiß hat absichtlich den Bg7 nicht geschlagen. Er gewinnt mit **1. Kg4! h1D 2. Kg3!**, denn Schwarz (dem auf a1 Matt droht) hat kein vernünftiges Schach und kann auch mit Dh8 nicht decken (deshalb ließ Weiß den Bg7 stehen!).

Auch bei 1. Kg4 h1S 2. Kf3! g5 3. Ta4 Kh2 4. Tg4 Kh3 5. Tg5: Kh4 (Kh2, Tg6) 6. Tg1 gewinnt Weiß. (Dieses Abspiel zeigt eine hübsche Beherrschung des Springerraumes durch den Turm.)

Da die Verwendung des Königs im Bauernendspiel eine Wissenschaft für sich ist und für die Praxis doch nur beschränkt in Frage kommt, legen wir den König hiermit in die Schachtel zurück.

Der König ist des Schachspiels Würde,
Doch für den Spieler eine Bürde.
Er soll ihn schützen und bewahren
Vor allen möglichen Gefahren.
Das Mittelspiel ist voller Tücken
(Der König kann sogar „ersticken!“).
So mancher ist schon mal geblieben
Beim Läuferopfer auf h-sieben.
Und hofft im Endspiel er auf Frieden,
So ist auch dies ihm nicht beschieden!
Denn als er glaubte, schon zu siegen,
Ließ er sich noch durch Patt betrügen!

III. Schachliche Geländekunde

(Allerlei von Linien, Reihen und Diagonalen)

Wer den richtigen Weg finden will, muß das Gelände gut kennen. Er muß wissen, was es mit den (senkrechten) Linien, (waagerechten) Reihen, Diagonalen, Vorposten und anderen Bezeichnungen auf sich hat. Wir wollen ihm dazu mit bunten Bildern aus der Praxis behilflich sein.

Angriffe auf den Linien

Der Randbauer als Sturmbock

Wir wissen alle, daß im Kampf König und Dame (oder auch König und Turm) gegen König der Gegner nur am Rande mattgesetzt werden kann, weil er hier in seiner natürlichen Beweglichkeit stark eingeschränkt ist. In der Mitte des Brettes müssen dem König 8 Felder genommen werden, am Rande 5 und in der Ecke gar nur 3. Der Rand kann auch für alle anderen Figuren ein schweres Hemmnis sein, besonders für den Springer, der nur in Ausnahmefällen am Rande etwas zu suchen hat.

Hier wollen wir jedoch eine andere Eigentümlichkeit der Randlinien festhalten: ihre strategische Bedeutung für den Aufrollungsangriff gegen die feindliche Rochadestellung.

Dr. Lachmann

Reinhardt (Bad Elster 1936)

Wir sehen hier ein typisches Bild: Weiß hat mit g3 die Angriffsmarke gegeben; der schwarze h-Bauer stößt vor, um durch hg3: die h-Linie zu öffnen und dadurch mit dem Turm gegen die weiße Königsstellung zu wirken. Wer eine solche „Aufrollung" im Auge hat, wird aufpassen, daß ihr der Gegner nicht durch „Verschachtelung" entgeht. So müßte Schwarz hier überlegen, ob auf **1. .... h4** nicht die Antwort **2. h3**

(Sgf6 3. g4! mit Verschachtelung) möglich ist. Er hätte aber auf 1. .... h4 2. h3 mit dem Opfer hg3:! bereits entscheidenden Angriff erlangt (3. hg4: Dh4). Der Führer der Schwarzen ging aber noch gewalttätiger zu Werke: er zog **1. .... Sh2:!**, um nach **2. Kh2:** mit **h4** desto sicherer zur ersehnten Öffnung der Randlinie zu kommen. (Weiß lehnte in der Partie das Opfer ab, erlag aber doch dem starken schwarzen Angriff.)

Derartige Aufrollungsangriffe sind natürlich auch bei der langen Rochade möglich.

N. N.

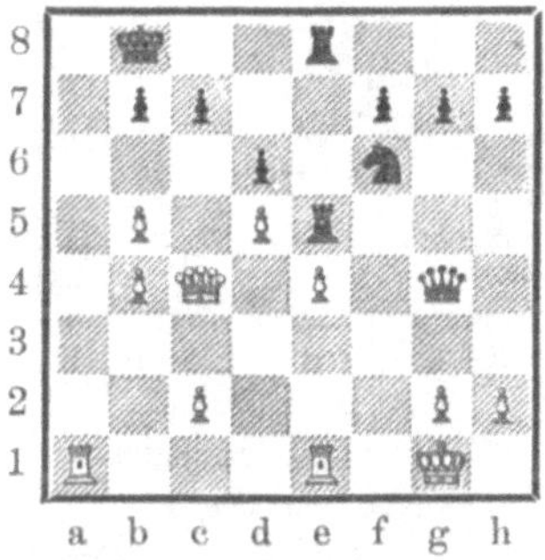

J. Scheibert
(Penzig O. L. 1936)

(In dieser Stellung können wir uns eine andere Art der voraufgegangenen Aufrollung denken, und zwar durch ein Springeropfer auf b5, das Schwarz mit a6×b5 annahm, worauf Weiß a4×b5 antwortete.) Weiß siegte durch Ausnützung der offenen Randlinie: **1. Ta8†! Ka8: 2. Dc7:**, und gegen **3. Ta1‡** ist kein Kraut gewachsen.

Sehr oft wird der Angriff auf der Randlinie mit einem solchen auf der danebenliegenden Linie kombiniert.

N. N.

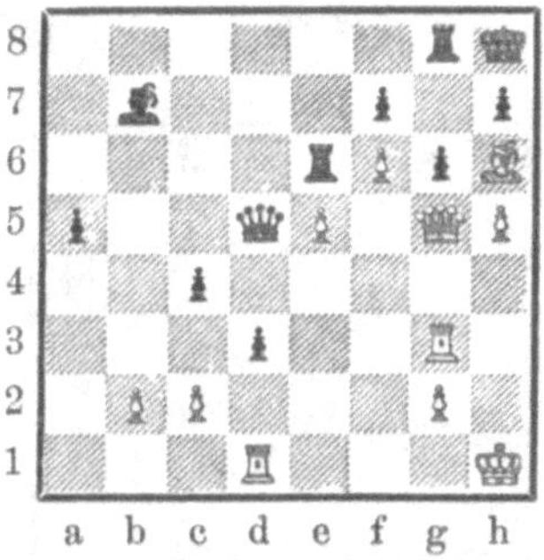

Rembe (Berlin 1909)

Weiß ist mit Dame und Turm zum Frontalangriff auf der g-Linie aufmarschiert, hat aber noch nichts erreicht. Nun soll der kleine Randbauer helfen. Weiß ersann eine hübsche Kombination: **1. Lg7† Tg7: 2. Dh6! Tg8 3. hg6:!** (Öffnung der h-Linie!) **3. .... fg6:** (Auf Tg6: führt Df8† zum Matt. Unbedingt versuchen mußte Schwarz aber

Dg2‡.) **4. Dh7‡!** (Endgültige Freilegung der h-Linie!) **4. .... Kh7: 5. Th3‡.**

Auf der g-Linie

Wir sprachen eben von der g-Linie; diese kann auch allein Träger des Angriffs sein und wird immer dann besonders drohend, wenn sie mit einem Läuferangriff auf der großen Diagonalen a1—h8 verbunden ist.

Der Keulenschlag **1. Df3** tötete Schwarz, der sofort die Partie

Preuße

Brinckmann
(Meisterturnier Magdeburg 1927)

aufgab. Weshalb? Nun, nach **1. .... Df3: 2. gf3:** entscheidet die g-Linie! Z. B. **2. .... Te8 3. Tg1† Kf8 4. Ld3** nebst **Lh7,** bzw. **2. .... Lf5 3. Tg1† Lg6 4. f4! Kh7 5. Ld3! Ld3: 6. Tg7†** nebst **Td3:** usw.

Zieht Schwarz aber auf **1. Df3** etwa **Te8,** so gewinnt **2. Tf4 Dh7 3. Ld3!.**

Wir sahen hier als Träger der Kombination einen Brennpunktangriff von Läufer und Turm auf das Feld g7. (Diese Zusammenarbeit kann sich natürlich auch auf andere Objekte beziehen.) Es folgt noch ein typischer Fall für die Öffnung der g-Linie zum Frontalangriff der schweren Figuren.

Elstner

B. Koch
(Deutsche Meisterschaft, Aachen 1935)

1. Sh6†! Lh6:. (Nimmt Schwarz nicht, so dringt Weiß auf f7 ein.) **2. gh6:** (Schwarz ist nun gegen den Aufmarsch in der g-Linie wehrlos. Spielt er Kh8, so setzt Weiß mit Lg5! fort.) **2. .... f6**

3. Tg3† Kh8 4. Tg7 Dc6 5. Dg3 Tc7. (Es drohte Th7‡ nebst Dg7‡. Falls Tg8, statt Tc7, so Lf7!) **6. Tg1!.** Ein imponierender Beweis der Macht der offenen Linie! Schwarz ist völlig verloren.

Der Besitz der einzigen offenen Linie

Die schweren Figuren, das wissen wir nun schon, sind die Herrscher der offenen Linien. „Offen" ist eine Linie, wenn sich auf ihr weder ein eigener noch ein feindlicher Bauersmann befindet. (Die Anwesenheit von Figuren stört den offenen Charakter meist nicht.) Wenn von allen 8 Linien nur eine „offen" ist, so erlangt derjenige einen häufig entscheidenden Vorteil, der sie besetzt und beherrscht.

Ritzheimer

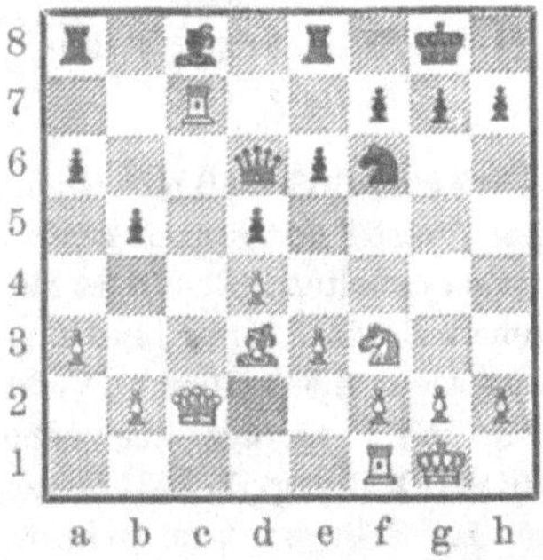

Mosetter (Heidelberg 1923)

Die einzige offene Linie, die c-Linie, ist von Weiß in Besitz genommen und „ausgebaut" worden. Das heißt, Weiß ist mit einer schweren Figur auf die 7. Reihe des Gegners eingedrungen. Das ermöglicht in den meisten Fällen einen wirksamen Königsangriff. So folgte hier **1. Se5! h6.** (Auf Tf8 geht doch Sf7:, da nach Tf7: der Lc8 einsteht; bei Ld7 käme Lh7‡! Sh7: Td7:.) **2. Sf7: Df8 3. Lh7†!** (Eine hübsche Kombination erzwingt den Sieg!) **3. .... Sh7: 4. Sh6‡! Kh8 5. Tf7 Dd6 6. Dg6 Df8** (Erzwungen, da g7 nicht anders zu decken ist. Damit ist die Entscheidung gefallen!) **7. Tf8‡ Tf8: 8. Sf7† Kg8 9. Se5 Lb7?** (Schwarz zieht ein Ende mit Schrecken vor!) **10. De6‡ Kh8 11. Sg6‡.**

Wenn der Gegner die einzige offene Linie beherrscht, so muß man sich bemühen, an einer anderen Stelle des Brettes selbst eine neue offene Linie für die Dame und die Türme zu schaffen. Passives Verhalten muß verlieren! (Siehe Bild auf nächster Seite.)

Weiß hat die einzige offene Linie, die g-Linie, in Besitz genommen. Schwarz hätte nun am besten getan, mit Kc7 nebst b5 sich so aufzustellen, daß er im gegebenen Augenblick mit b4

Rellstab

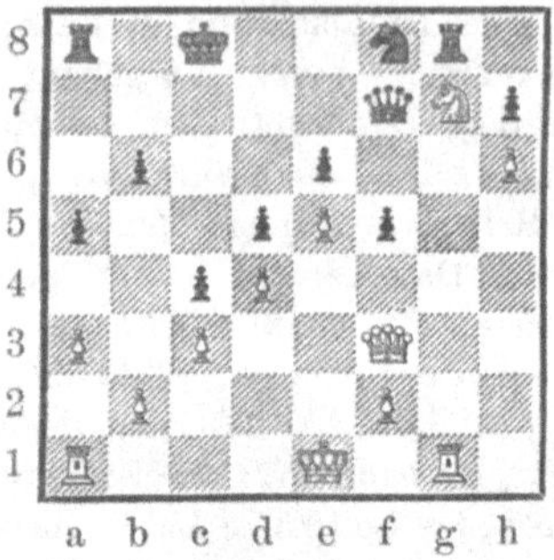

Kieninger
(Deutsche Meisterschaft, Oeynhausen 1938)

einen Gegentrumpf ausspielen konnte. Statt dessen schloß Schwarz mit **1. .... Kd7 2. Kd2 a4?** die Stellung ab und ermöglichte damit Weiß, seine Gewinnchancen wahrzunehmen, ohne Störungen befürchten zu müssen. Es folgte **3. Sh5 Tg1: 4. Tg1: Sg6 5. Sf6† Kc6 6. Dh5 Th8 7. Tg5.** (Nun droht Sh7:, was zuvor mit Se5:! beantwortet worden wäre.) **7. .... De7 8. Tg6:!** (Der schnellste Weg zum Siege.) **8. .... hg6: 9. Dg6: Df8 10. Dg7 Kb5 11. Ke3 Dd8 12. h7 Kc6 13. Df7.**

Schwarz gab hier den aussichtslosen Kampf auf. Weiß kann mit dem König in die schwarze Stellung hereinlaufen oder auch gelegentlich mit Sg8 nebst Dg7 fortsetzen. (Sofort 13. Sg8 spielte er nicht wegen 13. .... Th7:! 14. Dh7: Dg5†.)

Der rückständige Bauer auf der halboffenen Linie.

Ein dankbares Objekt für Angriffe ist der rückständige Bauer auf einer halboffenen Linie.

Schütte

Dr. Dührssen
(Telefonwettkampf Berlin-Hamburg 1932)

Der arme Bd6 muß den wuchtigen Angriff der ganzen weißen Armee aushalten! Er bindet alle eigenen Kräfte. Aber bindet er nicht auch die weißen? Nicht ganz; Weiß verfügt über eine tödliche Drohung. **1. Le3!** Gegen Lc5: ist Schwarz nun wehrlos. Es folgte noch **1. .... ab3: 2. ab3:**

Tc8 3. Lc5:! Tb7 4. Ld6:, und Schwarz gab auf.

Hüte dich vor dem rückständigen Bauern! Er macht dir nur Kummer und Sorgen. Wer aber schon einmal einen rückständigen Bauern auf seinem Schuldkonto hat, der sehe zu, daß auch der Gegner auf der gleichen Linie einen Bauern zu stehen bekommt. Dann ist die Linie geschlossen und ein Frontalangriff der schweren Figuren nicht möglich.

Der Minderheitsangriff

Wir sahen vorhin, wie die Aufrollungsstrategie auf der Randlinie Zwecken des direkten Königsangriffs diente. Diese Strategie ist aber auf anderen Linien natürlich auch anwendbar und kann ganz andere Ziele verfolgen. Ein markantes, oft vorkommendes Beispiel soll hier Platz finden:

der sogenannte Minderheitsangriff.

Die Bauernstellung im Zentrum ist erstarrt, da Weiß nicht gut e4 und Schwarz nicht c5 vorbereiten kann, ohne daß der d-Bauer vereinzelt und damit schwach wird. Weiß kann sich aber bei sicherer Stellung eine gewisse Initiative verschaffen: er rochiert kurz und erkämpft durch Vorgehen der Bauern seines Damenflügels nach Bauerntausch neue Felder und Angriffsobjekte. Es geschieht also nach geeigneter Vorbereitung b2—b4—b5, nötigenfalls unterstützt durch a2—a4. Weiß greift mit einer Minderheit — den Bauern b2 und a2 — die drei feindlichen Bauern a7, b7 und c6 an mit der Absicht, sie zu schwächen.

In einer Partie Rellstab–Woog (Stuttgart 1939) gelangte dieser

Plan von der Bildstellung aus zur Durchführung. Weiß konnte schließlich vorstehende Stellung erhalten, die einen guten Begriff der durch einen Minderheitsangriff zu erreichenden Vorteile gibt. Von den schwarzen Leichtfiguren ist nur der passivstehende Lc8 übriggeblieben, und durch das Vorgehen der weißen Bauern ist der schwarze Damenflügel Gegenstand dauernder Angriffe geworden. Schlägt Schwarz auf b5, so sind die Bauern b7 und d5 vereinzelt und auf die Dauer schlecht gleichzeitig zu decken. Verfolgen wir den weiteren Gang der Partie. **1. .... Te6 2. Se5 Ld7 3. bc6: Lc6:** (Nach 3. .... bc6: ist ein anderes Ziel des Minderheitsangriffes erreicht: Der rückständige Bauer, der auf einer halboffenen Linie blockiert ist.) **4. h3 Ta2 5. Ta1 Da8 6. Dc3 Ta1: 7. Ta1: De8 8. Ta7 g6?** (Mehr Gegenwehr war mit f6 möglich.) **9. Da5 Kg7 10. Ta8 De7 11. Tc8 Te5:** (Es drohte Tc7.) **12. de5: De5: 13. Dd8 Da1† 14. Kh2 De5† 15. f4.** Aufgegeben. (De3: 16. Dh8† Kh6 17. Df8† usw.)

Wir haben dabei beobachtet, daß der schwarze Turm zur Deckung von c6 nach e6 zog und damit die 8. Reihe schwächte, auf der später der Einbruch des Gegners erfolgte. So ist es bei so manchem Angriff; er führt nicht direkt zum Ziel, sondern bindet starke feindliche Kräfte und ermöglicht dann an einem anderen Punkte den entscheidenden Stoß.

Aber, Hand aufs Herz, lieber Schachfreund: so recht ist der Minderheitsangriff nicht nach deinem Geschmack. Eine frischfröhliche Königsattacke macht dir mehr Spaß.

Der Kampf um den Raum

(Die Bedeutung der Reihen)

Grenzüberschreitung · Vorposten

Acht Reihen hat das Schachbrett; jedem der beiden Partner stehen also zu Beginn einer Schachpartie sozusagen zunächst vier Reihen zur Verfügung. Es ist ein lohnenswertes Ziel, mit Bauern oder Figuren über diese „Grenze“ hinauszukommen und im Lager des Gegners Stützpunkte zu errichten, die diesen stark in seiner Bewegungsfreiheit einengen. Das ist dann ein fruchtbarer Boden für Kombinationen! Auch im Endspiel spielt diese Frage des Bodengewinns eine große Rolle.

Sturm

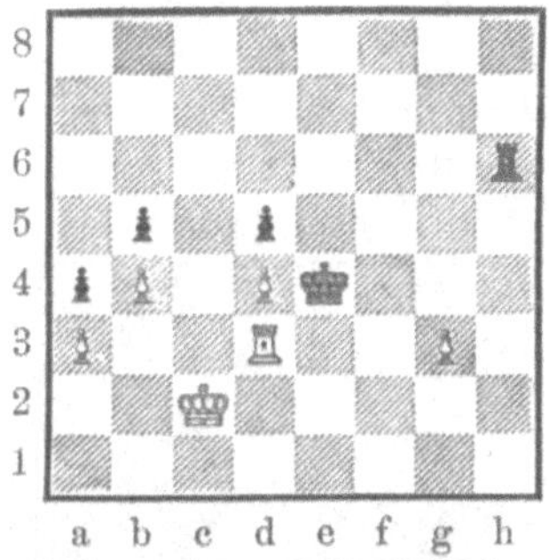

Kühner (Mannheim 1933/34)

Der schwarze König ist in das Lager von Weiß eingedrungen, hat also die Grenzreihe bereits überschritten. Auch der schwarze Ba4 wirkt hemmend auf die Bewegungsfreiheit von Weiß ein. Trotz seines Mehrbauern ist Weiß daher im Nachteil. Es folgte **1. .... Th2†** **2. Td2** (Verliert, doch ist auch Kc3 Ta2! wenig erfreulich!) **2. .... Td2:‡** **3. Kd2: Kf3!!** (Die Pointe, die uns sicherlich überrascht. Nach Kd4:? würde Weiß mit dem entfernten Freibauern — siehe unser Bauernkapitel — gewinnen!!) **4. Kd3 Kg3:** (So groß ist der Raumvorteil von Schwarz, daß er es sich erlauben kann, erst den „entfernten Freibauern" abzustechen und dann auch noch den Bd4 zu vernichten, ohne daß Weiß ihn daran zu hindern vermag!) **5. Kd2** (Bei 5. Ke3 Kg4! dringt der schwarze König schließlich ebenfalls vor.) **5. .... Kf3** **6. Kd3 Kf4,** und der Bd4 fällt unweigerlich.

Wenden wir uns nun dem Mittelspiel zu.

Lange

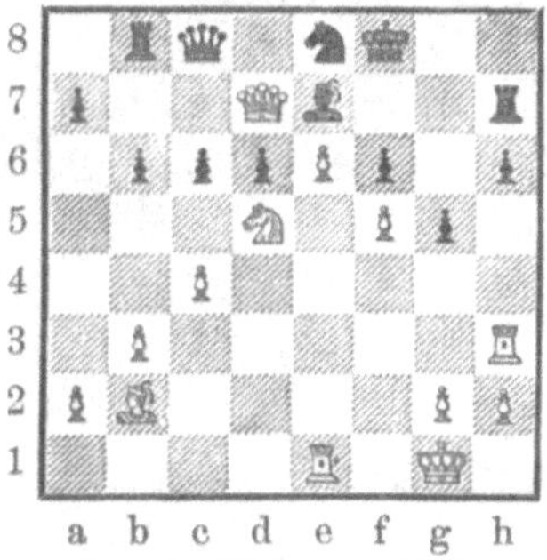

Engels (Barmen 1936)

Schwarz hat seine Figuren auf den untersten beiden Reihen versammelt und ist überhaupt nur mit dem Bg5 an die Grenze gelangt. Weiß dagegen — nun, das Bild spricht wohl für sich! Besonders der Vorposten e6 engt den Gegner ein. Mit **1. Th6:! Dd7:** (Th6: 2. De7‡ Kg8 3. Df7† Kh8 4. Se7) **2. Th7:!** beendete Weiß die Partie in hübscher Weise. Schwarz gab auf; nach 2..... Dd8 gewinnt Weiß mit

3. Tf7† Kg8 4. Se7‡ Kh8 5. Te3 g4 6. Te4 usw.

So möchten wir nicht verlieren! Deshalb verteidigen wir unseren Vierreihenraum gegen alle Eindringlinge und versuchen lieber selbst in das Lager des Gegners vorzustoßen.

v. d. Bosch

Weißgerber
(Int. Meisterturnier, Nauheim 1936)

Zu der einengenden Wirkung des Bb5 schuf sich Weiß mit **1. Ld6!** einen Vorposten auf der 6. Reihe des Gegners (Dd6: scheitert ja an Lh7‡). Das war ein sehr lästiger Fremdkörper für Schwarz, der nun nicht den Bd7 vorstoßen und somit auch nicht den Sb8 entwickeln konnte. Die Partie ging denn auch schließlich verloren.

Es folgt zur Warnung für alle, die sich die Herrschaft über die ihnen eigentlich zustehenden vier Reihen entwinden lassen, ein groteskes Schlußbild.

Danielsson

Bogoljubow
(Deutschland—Schweden, Zoppot 1935)

Schwarz gab auf; er ist bei vollem Brette so gut wie pattgesetzt!

Daß die Schädigungen durch den Raumverlust nicht immer so kraß zutage treten wie hier, sondern mitunter auch von großer Feinheit sind, beweist folgender Partieschluß, der eine Blockadestellung von seltener Schönheit zeigt.

(Siehe Bild auf nächster Seite.)

Weiß kann nichts ziehen ohne sofortigen Verlust (z. B. 1. De2 hg3: 2. Dg2 Dg2‡ 3. Kg2: gh2:

Sämisch

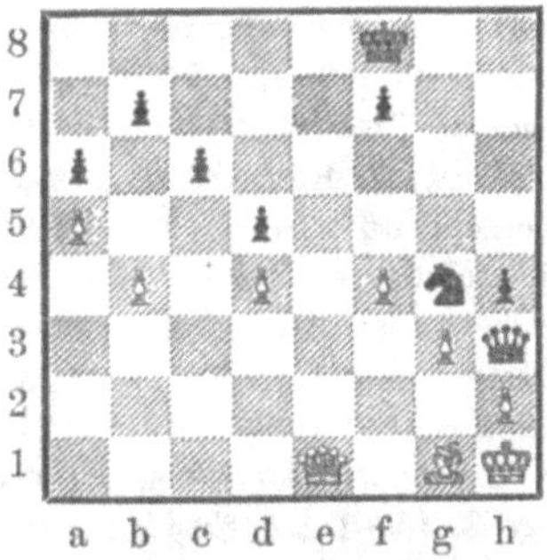

John (Berlin 1932)

4. Lh2: Se3† nebst Sc2 usw.). Der einfache Abwartezug **1. .... Kg7!** hätte für Schwarz entschieden, da **2. De7?** an **Sf2†!! 3. Lf2: Df1† 4. Lg1 Df3‡** scheitert! Sämisch sah in Zeitnot dieses hübsche Matt nicht, zog infolgedessen nicht 1. .... Kg7! und erreichte nur Unentschieden.

Es ist sehr merkwürdig, daß bei dem geringen Figurenmaterial die in den weißen Raum eingedrungenen beiden schwarzen Figuren eine so lähmende Wirkung auszuüben vermögen.

Seitliche Angriffe auf den Reihen

Es ist von vornherein klar, daß seitliche Angriffe seltener sind als Frontalangriffe, weil seitliche Angriffe ein Eindringen in den Raum des Gegners mit schweren Figuren voraussetzen. Wir wiesen schon auf die 7. und 8. Reihe (bzw. 2. und 1.) hin, und in der Tat sind das die gefährdetsten Reihen, auf denen sich schon viele Schachtragödien abgespielt haben. Weshalb? Nun, weil diese beiden Reihen meist den Zugang zur Königsburg des Gegners' bedeuten, und weil außerdem die Bauernmacht des Gegners wirksamen Angriffen auf ihrem Anfangsstand ausgesetzt ist.

E. J. Diemer

Müller (Baden-Baden 1937)

Schwarz ist mit der Dame auf die 2., Weiß auf die 7. Reihe eingedrungen. Die schwarzen Türme stehen aber auch in dem Raum von Weiß, während die weißen zur Passivität verurteilt sind. So brach hier die Katastrophe mit **1. .... Th3‡ ! 2. gh3: Dh2†!! 3. Kh2: Tf2†** (Doppelschach — der stärkste Angriff im Schach!) **4. Kh1 Th2‡** über Weiß herein.

Ein Schulbeispiel für die Bedeutung der 7. Reihe liefert der folgende Partieschluß.

Menchik

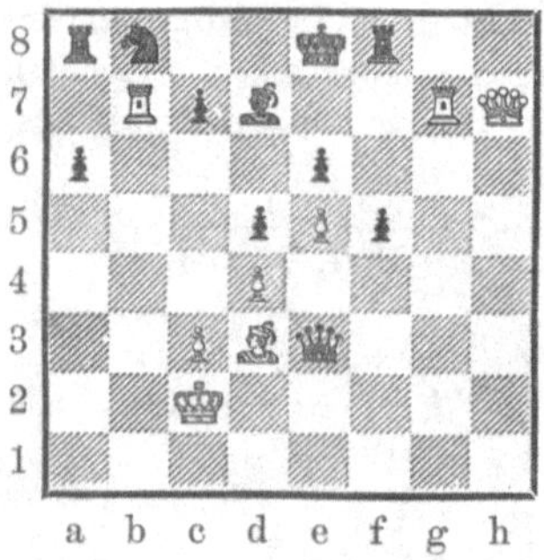

Olivera (Montevideo 1939)

Weiß ist mit Hilfe eines Figurenopfers mit sämtlichen schweren Geschützen auf die 7. Reihe vorgedrungen — gewiß ein seltener Anblick! Es geschah **1. .... Df2† 2. Kb3 Kd8** (Jetzt möglich, weil Schwarz nach 3. Tb8‡, was sonst entscheiden würde — Tb8: 4. Te7†! usw. —, mit Schach wiedernimmt!) **3. Ka3? Kc8! 4. Tb8‡** (Reicht nicht mehr aus.) **4. .... Tb8: 5. La6‡ Tb7 6. Td7:** (Auch Lb7‡ Kb7: ist nicht besser, da Schwarz mit Ta8† zum Gegenangriff zu kommen droht.) **6. .... Db2†.** Aufgegeben. Das war freilich für die Kraft der 7. Reihe nicht gerade überzeugend! Aber die Reihe war schuldlos; Schuld trug der Spieler, der sie nicht richtig nutzte. Statt mit 3. Ka3? ruhmlos unterzugehen, konnte er mit dem glänzenden Sperrzuge **3. Lb5!!** den Sieg an seine Fahnen heften. Der Schachfreund prüfe: **I. 3. .... ab5: 4. Tb8‡! Tb8:** (Bb5 wirkt hier als Sperrstein, so daß Schwarz ohne Schach wiedernimmt.) **5. Td7‡** usw. **II. 3. .... Lb5: 4. Tgc7: Lc4† 5. Tc4: dc4‡ 6. Ka3,** und trotz seiner Übermacht ist Schwarz gegen die beiden schweren Figuren von Weiß auf der 7. Reihe wehrlos! Ein womöglich noch eindrucksvolleres Bild ergibt sich in Variante **III. 3. .... Kc8 4. Ld7‡! Kb7: 5. Lc6†!!,** und **6. Tc7:**(†) entscheidet in jedem Falle. —

Die 8. (1.) Reihe ist der Schauplatz der gefürchteten Umgehungsangriffe, abgesehen von den zahlreichen Unglücksfällen, die das vergessene „Luftloch" mit sich bringt. Wenn die schweren Figuren des Feindes unseren König von der Grundreihe verjagen und ihn dann von hinten zu fassen vermögen, ist höchste Gefahr im Verzuge.

K. Richter

Kipke (Berlin 1939)

Weiß ist durch Tb2—b1! nebst Th1╪ tödlich bedroht. Mit **1. d6! T2b1** (Nach cd6: Sg5 mit Mattdrohung bekäme Weiß noch etwas Gegenspiel.) **2. Sf2!** machte er aber dem Gegner noch Schwierigkeiten. Bei Tf2: wird der Bauer eine Dame; bei cd6: Tc2! entsteht ein langwieriges Endspiel. Aber: **2. .... Tf2:!** Trotzdem! Die Mattdrohung auf der 1. Reihe ist so stark, daß Schwarz dem Gegner die Umwandlung des Freibauern gestattet. **3. dc7: T2f1 4. c8D† Kh7.** Weiß ist verloren; die Dame hat kein brauchbares Schachgebot, und das „Luftloch"(!) **5. g3** (**5. g4**) scheitert an **5. .... Tf2╪.** (Vergleiche hierzu noch die Ausführungen zu „Schrecksekunde" im nächsten Abschnitt.)

Kreuz und quer auf Weiß und Schwarz

Ebenso wichtig wie die Beherrschung der Linien und Reihen ist die Kontrolle über die Diagonalen, über die weißen und schwarzen Felder. Der Wert der Figuren läßt sich nicht nach allgemeinen schematischen Gesichtspunkten berechnen. Es kommt vor, daß ein Läufer wichtiger ist als ein Turm, weil er eine entscheidende Diagonale schützt.

Rädisch

Menchik (Breslau 1929)

Weiß ist zwar materiell und räumlich im Nachteil, aber das

Vorhandensein der ungleichen Läufer gibt ihm Remisaussichten. Vor allen Dingen ist der Vorstoß f4—f3 gehemmt. Es folgte **1. Ta1?** (Besser Le2!.) **1. .... Td1†!.** Er erkennt das Gebot der Stunde! Der Läufer verschwindet, und der an seine Stelle tretende Turm, der Beherrscher der geraden Linien, ist auf der Diagonalen hilflos, so daß der Vorstoß f3 entscheidet. **2. Td1: f3! 3. gf3† Kf3: 4. Td3 Le1!!.** Eine feine Idee sichert den Sieg. Auf Ke1: läuft der g-Bauer in die Dame; es droht aber g2† nebst Lf2†. **5. Kg1 Lf2† 6. Kh1 g2†.** Aufgegeben. Sieg des Läufers über den Turm! Der Besitz strategisch wichtiger Linien ist viel mehr wert als das Material an sich. Hierüber wurde schon unter „Tauschwerte" und „Die schrägen Figuren" einiges gesagt; ebenso ist auf die Bedeutung der Läuferdiagonalen schon oft (auch mit Beispielen) hingewiesen worden. Wir können uns daher hier mit ein paar Worten über den Wert der weißen und schwarzen Felder begnügen.

Die Herrschaft über die weißen bzw. schwarzen Felder (die entscheidende Bedeutung gewinnen kann) ist bedingt durch Bauernketten, die in solchen Fällen gewöhnlich infolge falscher Anlage den eindringenden feindlichen Figuren keinen Widerstand bieten können.

H. H. Ohms

N. N. (Bremen 1936)

Weiß hat zwei Figuren für einen Turm — aber seine Lage ist beklagenswert! Das macht seine Ohnmacht auf den schwarzen Feldern. Die Diagonale a7—g1 ist fest in den Händen des Gegners; sämtliche weißen Bauern, die sie schützten, sind aufgezogen. Schwarz hat aber noch mehr Trümpfe: Die einzige offene Linie, den Vorposten auf g3 (den Weiß nicht einmal abtauschen darf) und die Fesselung des Tf2 bzw. des Se2. Auf **1. h4** antwortete Schwarz sarkastisch **1. .... h5** und überließ es nun

Weiß, noch einen Zug zu finden. (Es gibt keinen!!) So erteilte er Weiß eine bittere Lektion über die Bedeutung der schwarzen Felder.

Einen lehrreichen Fall, durch Aufzug zu vieler Bauern eine wichtige weiße Diagonale entscheidend zu schwächen, bietet das Damengambit. Nach **1. d4 d5 2. c4 dc4: 3. e3!** (Nicht e4! Weiß hält sich die weißen Linien offen!) **3. .... b5?** (Der Versuch, den gewonnenen Bauern zu behaupten, endet mit einer Katastrophe!) **4. a4 c6? 5. ab5: cb5:** entsteht folgende Stellung:

6. Df3!. Die Diagonale a8—h1, bar jeden Bauernschutzes, wird Schwarz zum Verhängnis. Um nicht den Ta8 zu verlieren, muß er Läufer oder Springer geben.

Bei ungleichen Läufern im Mittelspiel (im Endspiel haben wir sie bereits betrachtet) kommt es sehr darauf an, auf welchen Diagonalen sie wirken. Wer die besseren Diagonalen beherrscht, ist im Vorteil, da sie ihm der gegnerische andersfarbige Läufer nicht streitig machen kann.

E.

Dr. Thelen (Berlin 1939)

Der weiße Läufer wirkt auf der weißen Diagonalen a2—g8 stark gegen den feindlichen König. Sein schwarzer Kollege würde im Endspiel gut stehen; gegen den Königsangriff aber ist er machtlos. **1. Sg6†!! hg6: 2. hg6:.** Obgleich nunmehr um einen ganzen Turm im Nachteil, bleibt Weiß dank der Herrschaft über wichtige weiße Felder siegreich (und allerdings auch dank seiner auf der 7. Reihe glänzend stehenden Dame!). Das **Matt** auf h7 läßt sich nur durch **2. .... Dg7** oder **Dh6** decken, worauf **3. Db8**† die Entscheidung bringt. Ein sehr schöner Partieschluß!

Ein Kampfmoment aus der Partie, das der Sicherung bzw. Eroberung bestimmter Felder dient, mag zum Schluß überleiten.

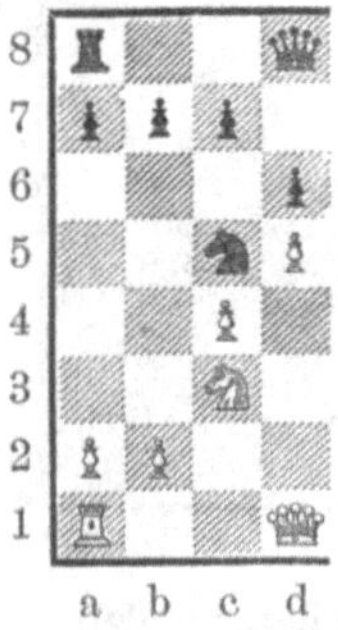

Schwarz möchte sich die starke Springerstellung auf c5 sichern und schützt deshalb das Feld b4 durch **1. .... a5** (um b2—b4 mit Verjagung des Springers unmöglich zu machen). Will Weiß trotzdem dagegen ankämpfen, so darf er (gemäß unseren Hinweisen über Vorgehen einer Bauernmehrheit) nicht sofort 2. a3? ziehen (es käme 2. .... a4! mit Festlegung!), sondern muß zuvor **2. b3!** einschalten und dann 3. a3 nebst 4. b4 folgen lassen. Damit würde er die Herrschaft über das schwarze Feld c5 zurückgewinnen.

Sehr stark ist auch ein Feld (besonders im Zentrum), das sich vor einem vereinzelten feindlichen Bauern befindet.

Hier thront der Springer, einen vereinzelten feindlichen Bauern blockierend, unangreifbar für das weiße Fußvolk. Das ist stets ein idealer Posten für den Springer! Wir schließen daraus, daß der vereinzelte Bauer zwar schwach, noch schwächer aber das Feld vor ihm ist, weil es eine glänzende Figurenbasis für den Gegner bedeutet. Auf **1. Lc4** müßte Schwarz **1. .... Tad8** (oder **Tfd8**) antworten, um auf **2. Ld5:** mit dem Turm wieder nehmen zu können und so zur Frontalwirkung gegen den vereinzelten weißen Bauern zu kommen. Was für den rückständigen Bauern gilt (siehe dort), hat auch beim vereinzelten Bauern seine Richtigkeit: auf der Linie solcher geschwächten feindlichen Bauern soll möglichst kein eigener Bauer stehen! Er würde einen direkten Angriff auf der Linie unmöglich machen.

Zum Schluß weisen wir nochmals auf die Eigentümlichkeit des Springers hin, der mit jedem Zug seine Farbe wechseln muß. Er springt wirklich „kreuz und quer auf Weiß und Schwarz!“ Dabei haben seine Sprünge bei aller Eleganz auch etwas Starres; während alle anderen Figuren zur Erreichung eines bestimmten Zieles oft statt einer geraden auch eine ungerade Zügezahl oder umgekehrt wählen (und damit ein Tempo gewinnen oder verlieren) können, ist diese Möglichkeit dem Springer nicht gegeben. Er kann ein Ziel wohl auf Umwegen ansteuern, es aber immer nur in einer geraden (bzw. ungeraden) Zügezahl erreichen. Um von f6 nach c3 zu gelangen, braucht der Springer 2 oder, wenn er will, 4, 6, 8 usw. Züge; er ist aber nicht in der Lage, den gleichen Weg in etwa 3, 5 oder 7 Zügen zurückzulegen. Mit einem Springer läßt sich kein Tempo gewinnen!

Und nun noch ein Wink aus derPraxis! Wohin soll der König ziehen, wenn er dem Springer ein weiteres Schachgebot nach Möglichkeit erschweren will? Antwort: in die diagonale Opposition (in unserem Bild also nach h5!). Jetzt dauert es mindestens drei Züge, bis der Springer zu einem neuen Schachgebot kommt. Bei allen anderen Königszügen gelingt ihm dies schneller. —

Damit beschließen wir dieses interessante Thema.

Wer den Sieg will finden,
Muß den Weg ergründen,
Braucht zum guten Ende
Kenntnis vom Gelände.
Linie, Reihe, Schräge
Sind des Schachspiels Wege.
Auf Feldern schwarz und weiß
Winkt heißen Kampfes Preis!

IV. Warnungstafeln auf dem Wege

Alphabetisches Fehlerregister

(Wobei unter „Fehler“ auch allerlei lehrreiche Irrtümer zu verstehen sind. Der Lernende soll vor typischen Reinfällen geschützt werden; ob es gelingt?)

Abzugsangriff — nicht ausgenützt.

Zu den häufigsten Kombinationen im Schach zählt der Abzugsangriff. Seine Technik muß der Lernende unbedingt beherrschen.

Lehmann

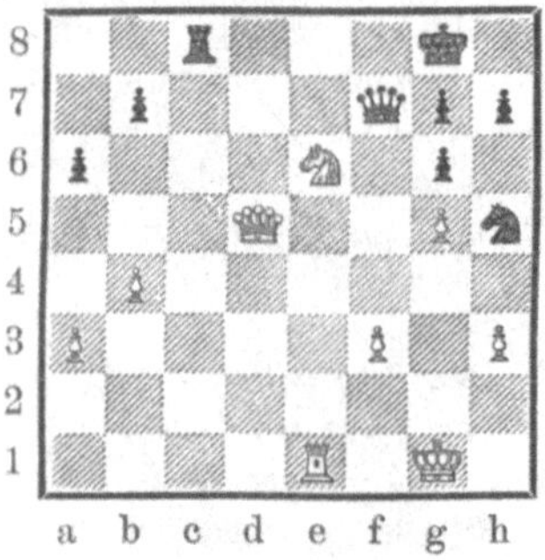

Graetschel
(Springer–Pankow, Berlin 1938)

Hier konnte Weiß mit **1. Sd8!** mit dem Springer „abziehen“ und den Gegner vor ein unlösbares Problem stellen (Dd5: 2. Te8‡). Er spielte anders und gewann auch; aber wie leicht kann eine solche nicht erkannte Chance den Verlust der Partie bedeuten!

Dünhaupt

Kropp (Hameln 1934)

Schwarz hat eine Figur mehr, nur die lästige Fesselung auf der 8. Reihe und der weiße Freibauer stören etwas. Mit Hilfe des Abzugsangriffes konnte er aber alle Schwierigkeiten sofort beheben: **1. .... Dg2‡! 2. Kg2: Lb7†!** (Abzugsangriff!) **3. Kf2 Te8:.** Hinterher ganz einfach! — Er spielte aber 1. .... Dg6? und erreichte später nur Unentschieden.

Angriff vor vollendeter Entwicklung.

Zu frühe Angriffe mit unzureichenden Kräften scheitern meist; der Gegner hat es dann leicht, im Gegenstoß zu siegen. Hier sehen wir den Schlußakt einer solchen Tragödie.

Steinkohl

Menz
(Mannschaftsmeisterschaft, Frankfurt a./M. 1938)

Weiß hatte im zu frühen Angriff zwar einen Bauern erobert, aber dafür viel tauschen und die Entwicklung vernachlässigen müssen. Es folgte **1. .... Ld6 2. a5** (Um dem Sa8 ein Rückzugsfeld zu schaffen.) **2. .... Te8! 3. Ld2 Te2** (Nun droht sowohl Se4 als auch Lf4.) **4. f3 c4 5. h4** (Das kleinere Übel war Sb6.) **5. .... Sc5 6. Lg5 Te1† 7. Kf2 d2!! 8. Lf6‡ Ke8 9. Sd2: Sd3‡!.** Wie ein Unwetter kam der schwarze Gegenangriff über Weiß!

Aufgegeben?

Der größte Fehler ist der, eine Partie aufzugeben, die zu halten war oder gar gewonnen werden konnte.

Malzahn

Harms
(Lüneburger Kongreß 1935)

Wegen der Fesselung der Dame verzweifelnd, gab Weiß die Partie auf!! Dabei hätte er mit **1. Lb5†!!** (Unterbrechung der Damenwirkung.) **1. .... Db5:** (Auch ab5: Dc5: ist recht freundlich für Weiß!) **2. Sb5: Ld4:† 3. Sd4:** das bessere Endspiel erlangen können.

Aufreißen der Königsstellung.

Das Ideal ist, die Bauernstellung vor dem König möglichst intakt zu halten und höchstens ein Luftloch zu schaffen. Zwei Möglichkeiten gibt es, diese Stellung zu schädigen: 1. die Zulassung eines isolierten Doppelbauern (z. B. bei der 0—0 von Schwarz die Bauernformation f7—f6—h7) und 2. den Vorstoß mehrerer Bauern zu Angriffszwecken, der leicht ins Gegenteil umschlagen kann. Ein kluger Spieler wird

beides zu vermeiden trachten! Für den zweiten Fall ein lehrreiches Beispiel.

Wenn Schwarz hier, statt sich mit d6 weiter zu entwickeln, mit 1. .... g5? seinen Königsflügel „aufreißt", so kann Weiß bereits opfern: **2. Sg5:! hg5: 3. Lg5:**, und die Drohung f4 mit Freilegung der Turmlinie entscheidet. Das Opfer ist typisch, kann aber auch oft falsch sein. Es muß daher von Fall zu Fall genau überlegt werden.

Bauerngewinn in der Eröffnung.

Der alte, oft hervorgehobene Fehler, vor vollendeter Entwicklung auf Bauernraub auszugehen, muß hier auch Platz finden.

Statt sich mit dem Wiederschlagen des ihm von Rechts wegen zukommenden Bc5 zu begnügen, spielte Schwarz **1. .... Se5:?** und hoffte, neben diesem wichtigen Zentralbauern später

Bubenik

Podgorny
(Fernpartie, 1940)

auch noch den Bc5 verspeisen zu können. Er fiel dabei aber gewaltig herein! Es kam **2. Se5: De5: 3. Lb5† Ld7 4. Ld7‡ Kd7: 5. Da4†!.** Die von Schwarz übersehene Pointe. Da nach Kc7 6. Lf4 die Dame verloren ist und auch auf Kc8 6. Lf4 (abgesehen von 6. De8†) geschehen kann, gab Schwarz auf.

Betrogener Betrüger.

Wer andern eine Grube gräbt ... Die Beispiele, daß eine Falle im Schach in verkehrter Richtung zuschnappt, sind zahlreich. Drum prüfe sorgfältig, ehe du den Gegner aufs Glatteis lockst!

Mit **1. .... Db5?** hoffte Schwarz auf den folgenden „Fehlzug" des Gegners **2. Td5:**, den er mit **2. .... f5!?** auszunutzen gedachte. Er wollte, wenn nun die weiße Dame zieht, den Td5 einkas-

N. N.

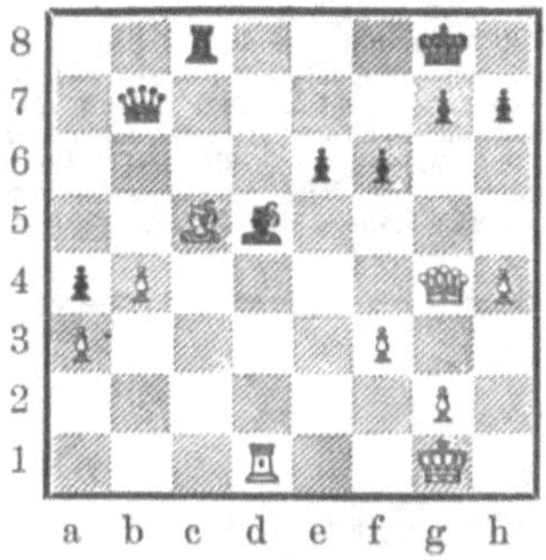

Klieber (Prag 1935)

sieren. Es kam aber zu seinem nicht geringen Schrecken **3. Dg7‡!! Kg7: 4. Ld4†** nebst **5. Tb5:**. Statt eine Qualität zu gewinnen, hatte Schwarz eine Figur verloren! (Die Kombination erinnert an die im zweiten Beispiel zum Abzugsangriff wiedergegebene.)

Dauerschach.

Eine beliebte Rettung aus verzweifelter Lage bildet das Dauerschach. Wer besser steht, achte daher darauf, daß der Gegner ihn nicht mit einem Dauerschach um die Frucht seiner Mühen betrügt.

Schwarz hat das Läuferpaar und eine gute Stellung; mit dem verdächtigen Zuge **1. .... h5** leistete er aber gar nichts. Weiß benutzte die Gelegenheit, mit **2. Sf6†! gf6: 3. Dh5:** ein Dauerschach herbeizuführen. Schwarz ist nämlich gegen die Schachs auf der g- und h-Linie wehrlos! Eine eigenartige Stellung.

Buckenhaupt

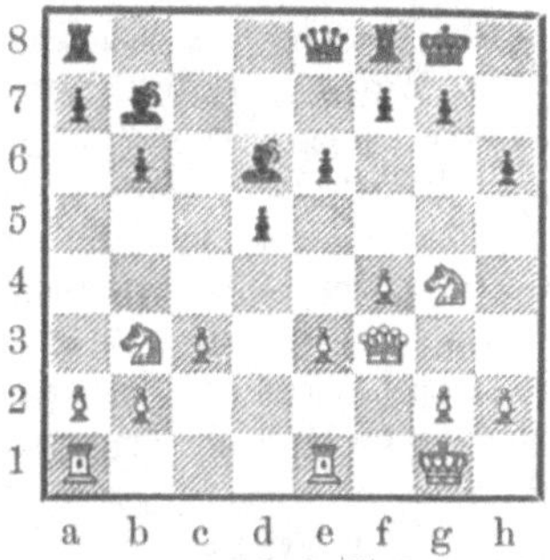

Sonneck (Ludwigshafen 1936)

Doppelangriff.

Sehr oft führt ein Doppelangriff zu materiellem Gewinn und zur Entscheidung der Partie. Trotz seiner Häufigkeit gibt es immer wieder Spieler, die einen Doppelangriff übersehen. Auch Meister sind dagegen nicht gefeit!

Dr. Euwe

Bogoljubow
(Meisterturnier, Zandvoort 1936)

Statt Sa2—b4 zu spielen, hatte Schwarz mit Tb8×Bb5? einen lehrreichen Fehler begangen. Der Doppelangriff **1. Ta2:! La2: 2. Da4!** (bedroht La2 und Tb5) brachte Weiß materiellen Vorteil und den Sieg. Wenn schon einem Exweltmeister solche Versehen unterlaufen, können wir sie uns getrost auch erlauben!

Besonderes Unheil hat stets der Doppelangriff des Springers angerichtet. Hier ein typisches Bild.

A. Fricke

N. N. (Dresden 1936)

Mit Dd1—g4 hoffte Weiß in Vorteil zu kommen (auch ein Doppelangriff, aber kein erfolgreicher!). Es kam jedoch **1. .... Sc3: 2. Dg7: Dd4:!! 3. Dd4: Se2†!** (Doppelangriff des Springers!) nebst **4. .... Sd4:** mit Figurengewinn für Schwarz.

Falsches Schachbieten.

Im Höhepunkt des Angriffs bringt meist ein stiller Zug weit sicherer die Entscheidung als fortwährendes Schachbieten. Dem feindlichen König ein Fluchtfeld abzuschneiden ist wichtiger als ihn ständig zu bedrohen! Einen einfachen Fall zeigt das folgende von W. v. Holzhausen beobachtete Schlußspiel.

Weiß machte sich ein Vergnügen daraus, mit **1. Sf3† Kh3 2. Th5† Kg2 3. Th2† Kf1** den schwarzen Herrscher vor sich her zu treiben, um zu spät zu erkennen, daß **4. Tb2:** nicht zum Siege, sondern zu einem schmählichen Patt führt. Dabei hätte nach **1. Sf3† Kh3** der stille Zug **2. Tg5!** ein undeckbares Matt auf g3 gedroht. In diesem Falle freilich kam die Erkenntnis zu spät!

Figuren am falschen Platze.

Im Schachspiel ist es wichtig, an einer entscheidenden Stelle mit einer Übermacht an Kräften zu erscheinen. Nicht das Material an sich entscheidet, sondern seine geeignete Verwendung!

v. d. Gevel

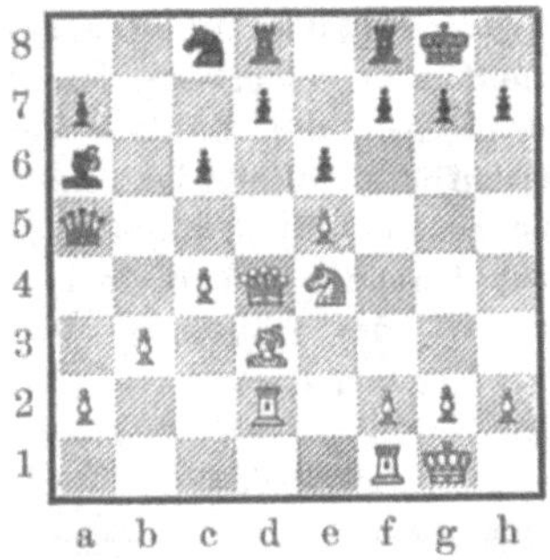

Nyssen (Amsterdam 1939)

Hier stehen Dame und Läufer von Schwarz entschieden an falscher Stelle; auch der Sc8 übt nur geringe Wirkung aus. So ist es schließlich kein Wunder, wenn der schwarze König dem Ansturm der weißen Hauptmacht erliegt. **1. .... d5.** Schwarz hielt die Gelegenheit für günstig, den rückständigen Bauern vorzustoßen. Auf 2. ed6: i. V. soll f5 folgen. Es gibt aber eine Überraschung: **2. Sf6†! gf6: 3. Lh7‡!.** Dieses glänzende doppelte Figurenopfer kennzeichnet die Ohnmacht der schwarzen Stellung; die schwarzen Hauptfiguren stehen weit vom Schuß. **3. ..... Kh7:** (Kh8, Dh4) **4. Dh4† Kg6** (Oder Kg8 5. Dg4† Kh8 6. Td3.) **5. Df6‡ Kh5 6. Td4.** Aufgegeben.

Fingerfehler.

Daß die Hand es manchmal anders tut, als der Kopf beschließt, ist eine der menschlichen Schwächen im Schach. Das witzigste Beispiel ist wohl das folgende.

Vor langen Jahren wollte Weiß in einem Turnier nach **1. e4 d5 2. ed5: Dd5:** die Dd1 ziehen, berührte aber versehentlich den Ke1. Nach der strengen Regel „Berührt, geführt“ mußte er mit dem König einen Zug ausführen, so daß die schadenfrohen Kiebitze die Tragödie **3. Ke2 De4‡!** erlebten.

Unerklärlicher sind die Fingerfehler, die kein offenbares Versehen darstellen, sondern dem Spieler hinterher selbst als Rätsel erscheinen.

Frühzeitiger Damenausfall.

Der Hauptfehler des Anfängers ist es, die Dame zu früh ins Spiel zu bringen. Daraus ergeben sich dann Katastrophen wie die folgende.

(Spieler unbekannt.)

1. d4 d5 2. c4 Lf5 3. Db3 (Besser Sc3.) **3. .... dc4: 4. Db5†.** (Weiß will den Läufer zurückzwingen oder, nach Dd7 5. Db7: Dc6, zum Damentausch kommen. Es folgt aber eine Überraschung.) **4. .... Sc6! 5. Df5:? Sd4:!** (Die Pointe! Die weiße Dame muß das Matt auf c2 bewachen.) **6. De4 Sf6.** Hier das traurige Schlußbild:

Weiß hat nur die Wahl zwischen Matt oder Damenverlust.

Frühzeitige Läuferentwicklung.

Daß aber auch die zu frühe Entwicklung des Läufers fehlerhaft sein kann und Gefahren mit sich bringt, sei an Hand der folgenden Stellung erörtert.

Stüdemann

Rodatz (Hamburg 1936)

Schwarz hatte den Lc8 nach f5 entwickelt, um ihn nicht durch e7—e6 einsperren zu müssen. So einfach ist das Problem des Damenläufers im Damengambit aber nicht zu lösen! Das Fehlen des Läufers am Damenflügel nutzte Weiß wie folgt aus: **1. Lf4!** (Um auf Df4: mit 2. Db7: den Ta8 zu erobern. Hier ist das frühzeitige Ins-Spiel-Kommen der weißen Dame wohl berechtigt, weil es zu sofortiger Entscheidung führt. Keine Regel darf im Schach schematisch angewendet werden!) **1. .... Dd7?** (Besser Db6 oder Dc8, obwohl Weiß auch dann überlegen steht. Jetzt folgt ein drastischer Überfall!) **2. Lb8:! Tb8: 3. e4!!.** Greift den Lf5 an und droht durch Lb5 Damengewinn. Auch eine Art Doppelangriff, gegen den es keine ausreichende Verteidigung gibt. Schwarz versuchte noch **3. .... de4: 4. Lb5 ef3: 5. Ld7+ Kd7:**, verlor aber schnell.

Gefahren der Fesselung.

Ehe sich der Schachfreund in eine Fesselung begibt, halte er weit und breit Umschau, ob sie ihm nicht sofort verhängnisvoll werden kann. Einer der häufigsten mit der Fesselung zusammenhängenden Fehler ist der folgende.

Mit **1. .... Dd4?** begab sich Schwarz in eine tödliche Fesselung, wie nach **2. Td1!** offenbar wurde. Bei **2. .... Dc3:** käme erst der Zwischenzug **3. Td7+.**

Lundin

Stoltz
(Trainingsturnier,
Stockholm 1935)

Daß die Fesselung aber auch dem Fesselnden Verderben bringen kann, beweist unter anderen das „Seekadettenmatt“ (so genannt nach der gleichnamigen Operette, in der diese Partie mit lebenden Figuren zur Aufführung kam): **1. e4 e5 2. Sf3 d6 3. Lc4 h6** (Besser Le7.) **4. Sc3 Lg4?** (Eine Fesselung, die keine ist!) **5. Se5:! Ld1:** (de5: hätte nur einen Bauern gekostet.) **6. Lf7‡ Ke7 7. Sd5‡.** Diese Wendung kehrt in vielen Abwandlungen wieder.

Noch eine nicht genügend feste Fesselung zeigt das folgende Bild.

Wollte Weiß, auf die Fesselung des Sf6 pochend, **1. Sd5:?** spielen,

(Theoretische Variante)

so würde er mit **1. .... Sd5:! 2. Ld8: Lb4†! 3. Dd2** (Zähneknirschend!) **Ld2:† 4. Kd2: Kd8:** eine Figur einbüßen.

Gekünsteltes Spiel.

Einfach und klar sei stets die Parole des Schachspielers. Wer nach Verwicklungen strebt, wenn sich ihm ein ganz einfacher Gewinnweg darbietet, „künstelt“ und fällt dabei ganz zu Recht öfters herein.

Mit **1. Lc3 Sf5: 2. Kb6** usw. konnte Weiß leicht gewinnen. Er sah aber eine Kombination — und folgte der Verlockung. **1. f6?** Die Idee ist, auf 1. .... b2 mit 2. f7† die Diagonale des Lg7 wieder zu öffnen. Es kam aber ganz anders! **1. .... Sf7!!** Blockiert den Bf6. Nun sind alle weißen Freibauern gestoppt, dagegen die Umwandlung des schwarzen b-Bauern gesichert. (Auf 2. Lh8 folgt Kf8!). Und

S. Hart

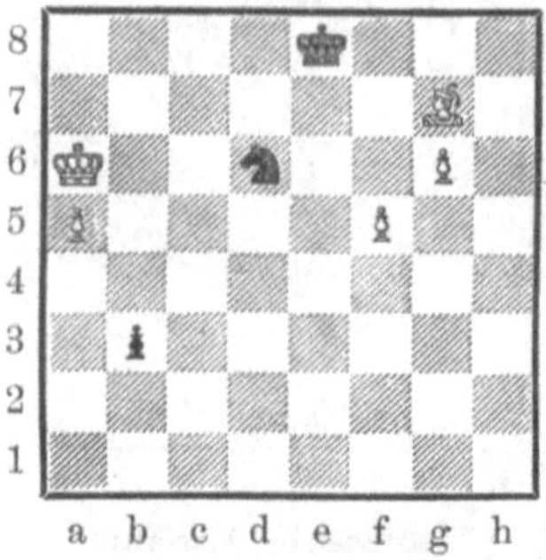

G. ter Braake (Amsterdam 1940)

das alles, weil Weiß „für die Galerie" spielen wollte!

Hängestellung der Figuren.

Wenn Figuren nicht gut geschützt sind, sondern „in der Luft hängen", durch Abzugangriffe und Schachgebote bedroht sind, dann haben wir einen fruchtbaren Boden für Kombinationen. Deshalb ist es fehlerhaft, die Figuren in solche Stellungen hinein zu manövrieren.

Mit **1. Sdb5:!** wurde Schwarz dafür bestraft, daß er seine Läufer gefährdete Posten einnehmen ließ, bevor die Sicherstellung des Königs durchgeführt war. Es geschah **1. ....: ab5: 2. Sb5: Dc6 3. Lc5: Dc5: 4. Sd6†.** (Die Pointe. Der Lb7 ist verloren.) **4. .... Ke7 5. Sb7: Dc7.** (Sollte sich Weiß verrechnet haben? Ist der Sb7 verloren?) **6. e5!** (Nein! Ein Ersatzkorps rückt heran.) 6. .... **De5:.** (Aussichtslos wäre auch Db7: ef6‡.) **7. b4.** Damit ist der Rückzug des Sb7 über a5 oder c5 gesichert. Weiß behielt einen gesunden Mehrbauern und gewann langsam, aber sicher.

Lokvenc

Michel (Deutsche Meisterschaft, Oeynhausen 1939)

Hineinziehungsopfer.

Merkwürdig oft werden im Schach „Hineinziehungsopfer" übersehen, bei denen es sich in den meisten Fällen darum handelt, eine Figur in ein tödliches Schach oder einen tödlichen Doppelangrift hinein zu treiben. Ist es der König, dem das Opfer gilt, so kann dem Opfer auch ein stiller, das Mattnetz schließender Zug folgen.

Mit 1. .... Dd4† gewann Schwarz zwar schließlich auch, aber mit **1. .... Th4:!** konnte er die feindliche Dame in die tödliche Gabel **2. Dh4: g5†!** hineinziehen und damit den Kampf sofort beenden.

Dr. Vidmar

Silbermann

(Länderkämpfe, Warschau 1935)

Ähnliche Beispiele gibt es in Hülle und Fülle!

Jagd auf den Turm.

Für viele Schachfreunde ist es eine große Verlockung, mit einem Springer auf Turmfang auszugehen. Besonders ist es für Weiß der Ta8, für Schwarz der Ta1, dem solche Eroberungsgelüste gelten. Solche Unternehmungen können aber, zu früh begonnen und ungenügend vorbereitet, mit einem völligen Mißerfolg enden.

Weiß: N. N. Schwarz: Barcza (1939 in Ungarn gespielt).

1. e4 Sc6 2. d4 d5 3. ed5: Dd5: 4. Sf3 Lg4 5. Sc3. Damit rechnet Weiß auf den folgenden Schlagwechsel, der ihm den Ta8 einbringt. **5. .... Lf3: 6. Sd5: Ld1: 7. Sc7‡ Kd7 8. Sa8: Lc2: 9. Lf4.** Schon beginnen für Weiß die Sorgen. Gelingt es ihm nicht, den Sa8 wieder heil herauszubringen, so hat er 2 Figuren für den Turm verloren und ist im Nachteil. **9. .... e5! 10. de5: Lb4† 11. Ke2.** Weiß will nicht den Sa8 einbüßen und verliert nun den König. Notwendig war Ld2. **11. .... Sge7 12. e6† fe6: 13. Sc7.** Der Springer ist gerettet, aber .... **13. .... Sd4† 14. Ke3 Sef5‡.** Eine eigenartige Mattstellung!

Kein Zwang, zu schlagen.

Viele Spieler vergessen, daß im Schach kein Zwang zum Schlagen besteht. Wenn sie eine Figur tauschen oder zum Tausch stellen, rechnen sie meist nur damit, daß der Gegner wiederschlägt und tragen nicht anderen Zugmöglichkeiten Rechnung. So kommt es mitunter zu unliebsamen Überraschungen.

Hussong

Bogoljubow

(Jubiläumsturn., Karlsruhe 1938)

Mit **1. .... Sd3:?** rechnete Schwarz unwillkürlich nur damit, daß Weiß wiederschlägt, und fiel deshalb nach der verblüffenden Antwort **2. Dg4!!** aus allen Wolken. Schwarz muß aufgeben, da er entweder Matt wird oder durch Sh6† die Dame verliert. Solche Geistesblitze beleben den Schachkampf und entzücken den Nachspielenden!

Kreuzfesselung.

Wie auf ein Wunder schaut der Schachfreund auf die Kreuzfesselung. Obwohl er sie schon manches Mal gesehen hat, läßt er sich stets von neuem überraschen.

G. Walter

F. Herzog
(Schachk., Tepl.-Schönau 1937)

Welcher Spieler hätte wohl hier der Versuchung widerstanden, mit **1. .... Tg3: 2. hg3: Tg3:** auf Damengewinn zu spielen? Und doch erweist sich dies nach **3. Tf8†! Kg7 4. Tg1!!** als grober Fehler. Der Tg3 ist „über Kreuz" gefesselt; die Königsfesselung geht vor. Also bleibt nur **4. .... Tg1:**, allein nun siegt Weiß mit **5. Tf7†** und **6. Dh3:** leicht.

Lange Damenzüge.

„Warum in die Ferne schweifen, sieh, das Gute liegt so nah!" Aber das Schlechte kommt oft von weit her! Besonders sind es die langen Damenzüge, die im Schach nicht beachtet werden und dann dem ahnungslosen Spieler einen ungeheuren Schreck bereiten.

N. N.

Dr. Zabel (Berlin 1936)

Weiß hat einen Bauern mehr und Druckspiel; er brauchte also nur ruhig fortzusetzen. Statt dessen ging er mit **1. b4 Lf2 2. Tg6: Sg6: 3. g3?** auf Figurengewinn aus. Der durch Kg2 bedrohte Läufer soll sich nicht nach h4 retten können. Wer beschreibt aber sein Entsetzen, als die schwarze Dame langsam die ganze 8. Reihe entlang steuert und mit **3. .... Da8†!** ein tödliches Schach bietet?

Luftloch.

Luft braucht der König, sonst kann er nur zu leicht ersticken! Bei allen Kombinationen muß darauf geachtet werden, ob der Gegner ein etwa fehlendes Luftloch nicht zu einem unliebsamen Gegenschlag auszunutzen vermag. Hiergegen verstieß Schwarz in nachfolgendem Schlußspiel.

Gilg

Lange

(Deutsche Meisterschaft, Oeynhausen 1940)

Mit **1. .... Sb4?** glaubte Schwarz einen günstigen Tausch zu machen; er rechnete bis **2. Lb4: ab4: 3. Db4: Td4:**, und nicht weiter. Es kam jedoch **4. Lc4!**, und infolge des fehlenden Luftloches kann Schwarz den Lb6 nicht retten. Auf Tc4: geschieht einfach 5. Dc4: mit leichtem Gewinn. Schwarz versuchte noch **4. .... h6,** verlor aber nach **5. Tb6:** schnell.

Nicht rochiert.

Wer mit Absicht nicht rochiert oder sich die Rochade verderben läßt, nimmt erhöhte Gefahren auf sich. Der Gegner wird dann ständig nach irgendwelchen Kombinationen fahnden; seine Kampfesstimmung ist besonders angeregt, — oder sollte es wenigstens sein.

Wieder einmal hat Weiß einen Bauern gewonnen und dafür

Bundfuß

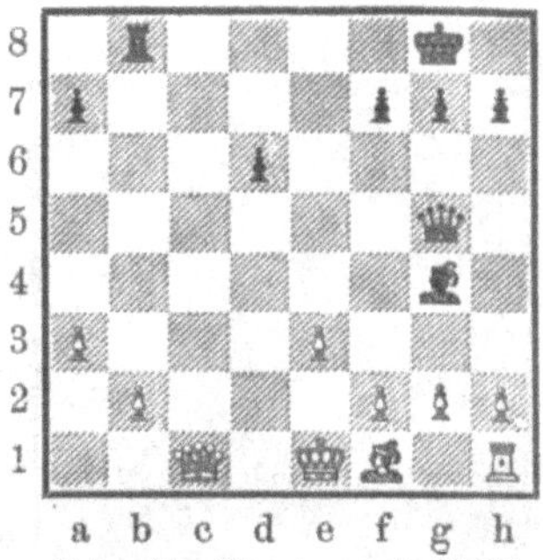

Schmitz (Dortmund 1936)

die Entwicklung sträflich vernachlässigt. Schwarz zog nun 1. .... De5? und verlor später gar noch die Partie. Wo bleibt da die Gerechtigkeit? Nun, Schwarz hat seine gute Chance verschenkt, und Caïssa pflegt nur einmal die Hand zum Glück zu bieten. In der Bildstellung hatte er in **1. .... Da5†!** eine gewinnverheißende Fortsetzung, denn 2. b4 scheitert an Tb4:! 3. ab4: Db4‡ 4. Dd2 Db1† nebst Matt, und auf 2. Dc3 folgt Dc3‡ 3. bc3:

Tb1† 4. Kd2 Td1† 5. Kc2 Le2 usw. Am besten geschieht daher noch **2. Dd2,** doch nach **Dd2‡ 3. Kd2: Tb2‡ 4. Kc3 Tf2:** usw. wird Schwarz das Endspiel gewinnen.

Bei der Wichtigkeit dieses Themas folgt noch ein Beispiel:

Schallopp

Anderssen (Berlin 1864)

1. Lc5!. Schwarz hatte es verabsäumt, rechtzeitig zu rochieren. Jetzt ist ihm die Rochade genommen. **1. .... Sbd7.** Der Läufer ärgert ihn, das ist verständlich. Aber .... **2. De4‡!! Se4: 3. Lf7‡.**

Patt.

Wer in Gewinnstellung pattsetzt, hat Hohn und Spott der Kiebitze zu gewärtigen. Hüte dich deshalb vor dem Patt; strebe es aber an, wenn deine Partie gefährdet ist und sich nur irgendeine Möglichkeit bietet.

Schiffler

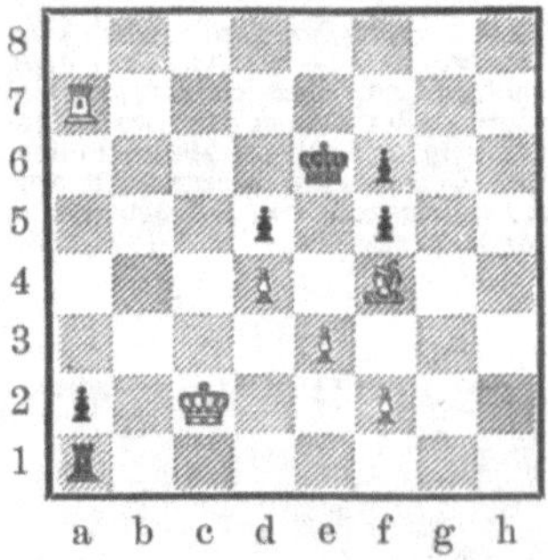

Weißgerber
(Pfalz-Kongreß, Dürkheim 1935)

Erst Ta6† und dann Kb2 gewann spielend. Sorglos zog Weiß aber sofort **1. Kb2?** und sah sich nach **1. .... Tb1†! 2. Ka2: Ta1†!** um den Siegespreis betrogen: **3. Ka1:** führt zum Patt!

Fast über jedem Patt schwebt das versöhnende Leuchten eines feinen Humors.

Preisgabe wichtiger Linien.

Das Erkennen einer wichtigen Linie im Schach und ihrer Bedeutung setzt eine gewisse Spielstärke voraus. Wie sich mitunter die Preisgabe einer solchen Linie rächt, ist im folgenden Bild zu sehen.

Hier schneidet der weiße Turm dem feindlichen König die f-Linie ab, deren Besitz lebenswichtig für Weiß ist. Er sollte daher mit dem Turm auf f7, f6, f8 hin- und herziehen. Statt dessen

Wüst

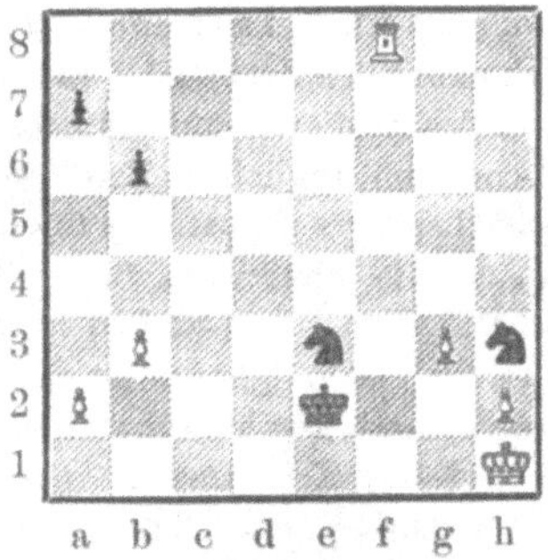

A. Hutter (Wien 1939)

spielte Weiß **1. Th8?** und sah sich nach **1. .... Kf1!! 2. Th3: Sg4!** einem undeckbaren Matt auf f2 gegenüber. Der eigene Turm blockiert den h-Bauern, so daß sich Weiß kein Luftloch schaffen kann!

Punkt f2 (f7).

Die meisten Kombinationen ereignen sich bei den lernenden Schachfreunden wohl auf den Punkten f2 (f7) bzw. h2 (h7), weil diese am leichtesten angreifbar sind. Aber nicht nur Kombinationen ziehen diese Punkte magisch auf sich, sondern auch Fehler und Irrtümer.

Den letzten fehlerhaften Zug von Schwarz (Lf8—e7?) nutzte Weiß zu einem drolligen Damenfang aus: **1. Lf7‡! Sf7: 2. Se6 Db6 3. a5 Db4† 4. c3 Dc4 5. Sc7† Kd8 6. b3!**, und Schwarz gab auf. Hier diente die Beseitigung des Bf7 der Freimachung des Feldes e6. Möglich wurde diese

N. N.

P. S. Leonhardt (Hamburg 1921)

Kombination, weil Sd7 den Lc8 verstellte. Auf die daraus entstehenden Gefahren möge besonders achtgegeben werden!

Das nächste Schlußspiel zeigt uns ein falsches Opfer auf f2.

Grob

Vistaneckis

(Schacholympia, München 1936)

Der König soll zwar im Mittelspiel möglichst nicht in den Kampf geführt werden; aber wenn es sich darum handelt, einen errungenen Vorteil zu verteidigen oder eine tödliche Gefahr abzuwenden, dann steht er gleichwohl seinen Mann. Dies vergaß Schwarz, als er in vorstehender Stellung **1. .... Lf2‡?** spielte. Seine Idee war, nach **2. Df2:** mit **Db2:** die Figur vorteilhaft zurückzugewinnen. Er hatte aber das Eingreifen des weißen Königs einfach übersehen: **3. Kd2!,** wonach alles gedeckt ist! —

Einen tausendfach vorkommenden Fehler können wir hier nicht stillschweigend übergehen.

Biro

Boros (Budapest 1940)

(Vorausgegangen: 1. e4 d6 2. Sf3 g6 3. Lc4 Lg7 4. d4.)

Schwarz wählte nun den Fesselungszug **4. .... Lg4?** und setzte sich damit dem Überfall **5. Lf7‡!** aus, der in dieser und ähnlicher Form zum täglichen Brot des Schachspielers gehört. Es folgte **5. .... Kf8** (Kf7:, so 6. Sg5† nebst 7. Dg4:) **6. Lb3 Lf6** (Auf 6..... Sd7 ist 7. Sg5! Ld1: 8. Se6† möglich, mit der hübschen Idee, nach 8. .... Ke8 zunächst noch mit 9. Sg7‡ den Lg7 einzustecken!) **7. h3 Ld7** (Besser war der Tausch auf f3). **8. e5.** Aufgegeben. Nach Lg7 ist 9. Sg5! zu stark.

Punkt h2 (h7).

In einem Register schachlicher Fehler wird das Läuferopfer auf h7 (bzw. h2) stets einen Ehrenplatz einnehmen. Nicht daß das Opfer fehlerhaft wäre; es ist sogar meist korrekt. Aber daß es übersehen bzw. zugelassen wird, das ist das immer wieder von neuem Erstaunliche.

Haarer

Drescher (Frankfurt a./M. 1940)

Der letzte Zug von Weiß (Lf1—d3) entwickelte nicht nur, sondern drohte bereits. Schwarz dachte an nichts Böses und antwortete **1. .... Sbc6?**; nun schlug es mit **2. Lh7‡ !** ein: **2. .... Kh7: 3. Sg5† Kg8.** (Bei Kg6 4. Dg4 f5 5. Dg3! hat Weiß ebenfalls entscheidenden Angriff.) **4. Dh5 Te8.** (Der einzige Zug, wenn Schwarz nicht gleich aufgeben will!) **5. Df7‡ Kh8 6. Ld6!!** (Der schnellste Weg zum Siege! Der Se7 wird — bei der Königsstellung auf f8 — gefesselt. Falls 6. .... Dd6:, so 7. Dh5†! nebst 8. De8‡. Schwarz könnte jetzt nur noch mit 6. .... Sf5 7. Dh5† Sh6 8. Sf7† unter Damenverlust weiterspielen.) **6. .... Dd7 7. Dh5† Kg8 8. Dh7† Kf8 9. Dh8‡.**

Schachblindheit.

Denkfehler und Irrtümer, die mit normalen Gründen nicht zu erklären sind, bringt man unter den Begriff: Schachblindheit. Wie soll man es auch sonst anders nennen, wenn ein anerkannt guter Spieler einen einfachen Denkfehler begeht oder gar eine handgreifliche Drohung übersieht.

Schwarz konnte ganz simpel mit **1. .... Lc5:!** gewinnen, denn das von ihm gefürchtete Opfer **2. Dc5:?** scheitert an **Dc5: 3. Tb8† Df8!!** Daß er auf b8 nicht zu schlagen braucht, sondern einfach die Dame dazwischenziehen kann, hatte Schwarz in einem Anfall von Schachblindheit glatt übersehen!

H. Herrmann

Schmitt

(Deutsche Meisterschaft, Oeynhausen 1938)

In der Partie geschah **1. .... Td8?**, und nun gewann Weiß: **2. Tb6:!** (Am besten.) **2. .... Td4:** (Auf cb6: ist Tf5:! stark.) **3. Tb8 Td8 4. Tcb5!** usw.

Was du vom Augenblicke ausgeschlagen ....

Schrecksekunde.

Ein unerwarteter, nicht mitgerechneter Zug des Gegners trifft den Spieler oft wie ein Keulenschlag. Wer eine solche „Schrecksekunde" nicht überwindet, sondern den Kopf und den Überblick verliert, wird dann eine Katastrophe erleben.

Weiß steht klar auf Gewinn; er braucht nur 1. Tf6‡ Sg6 (Kh5: Df7†) 2. Sg3 zu ziehen, worauf Schwarz vermutlich aufgegeben

Stalda

H. Johner
(Schweiz—Italien, 1938)

hätte. Statt dessen spielte er **1. Df7?**, was ja ebenfalls stark aussieht. Es kam jedoch **1. .... Th1† 2. Kg3 Th3‡!!** Auf gh3: würde nun Dg1, auf Kh3: Dh1† nebst Dh4‡ folgen. Weiß, so grausam aus den schönsten Siegesträumen gerissen, gab vor Schreck die Partie auf! Dabei konnte er, wie nach der Partie festgestellt wurde, sich noch retten: nach **3. Kg4!** hätte Schwarz sich mit einem Remis durch Dauerschach (3. .... Th4† 4. Kg3 Th3†! 5. Kg4! usw.) begnügen müssen. Bei kaltblütiger Überlegung wäre einem Meister vom Range Johners eine solche Möglichkeit sicher nicht entgangen; so aber ließ er sich von der Schrecksekunde überrumpeln.

Siegessicher.

Es ist erklärlich, daß der Spieler, der eine Gewinnstellung erlangt hat, nachläßt, weil er die Hauptarbeit getan glaubt, während sein Gegner wie ein Luchs nach der geringsten Schwäche ausspäht. Aus solcher Einstellung heraus entwickeln sich manchmal kleine Tragödien.

Hecker

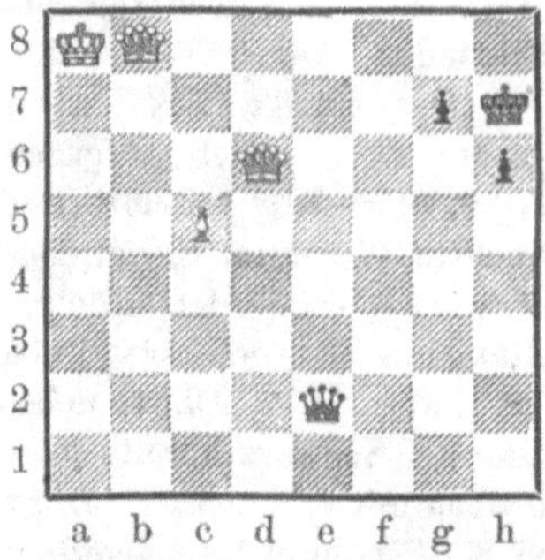

Deppe (Mannheim 1938)

Allzu siegessicher (mit zwei Damen gegen eine!), zog Weiß **1. c6?** und erlebte einen bösen Reinfall: **1. .... Da6† 2. Da7 Dc8† 3. Ddb8 Dc6‡.** Schwarz bietet fortwährend Schach. Wir haben hier die bekannte Eckstellung vor uns, wo eine Dame gegen zwei remis hält, weil sie ewig Schach geben kann.

Nichts ist schwerer, als eine gewonnene Partie zu gewinnen! Dabei konnte Weiß in der Bildstellung mit 1. Db1†! zu einem rasch entscheidenden Angriff kommen.

Überlastete Figur.

Die Figuren sollen im Schach so aufgestellt werden, daß sie gesichert stehen, aber zugleich den Gegner bedrohen. Sie dürfen nicht mit zu vielen Aufgaben belastet werden, da dies ihre Leistungsfähigkeit übersteigt. Grobe Versager können die Folge sein. Dies Prinzip ist an dem folgenden einfachen Fehler klar erkennbar.

Crépeaux

Denes
(Schacholympia, München 1936)

Das Feld h4 bewacht Weiß mit Dame und Springer. Der grobe Fehler **1. De5:?** machte aber beide Wachen „tot"; die eine entfernte sich von ihrem Posten, die andere bekam eine neue, ebenfalls wichtige Aufgabe. Das war zuviel; nach 1. .... **Th4†!** mußte der Springer den Schutz der Dame aufgeben, um den König zu retten.

Dies ist, so oder so verändert, eine beliebte Art, Schachpartien zu verlieren!

Ungeschützte Figur.

Alle logischen „Grundsätze" im Schach machen sich in der Theorie gut, sind aber in der Praxis nur selten durchführbar. Sie sollen ja auch nur dazu dienen, dem Lernenden Anhaltspunkte an die Hand zu geben und können nie und nimmer das selbständige Denken ersetzen! So ist es leicht, den Rat zu geben, keine Figur ungedeckt zu lassen, aber beim Spiel ganz unmöglich, diesen Rat zu befolgen. Wir begnügen uns daher damit, auf die Gefahren hinzuweisen, die ungedeckten Figuren drohen.

A.

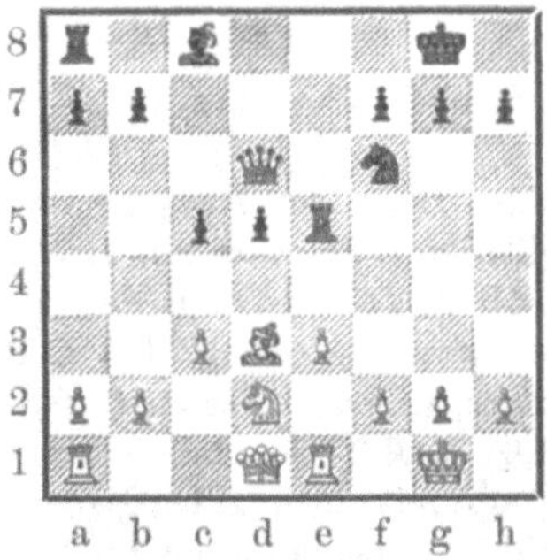

P. Schmitt (Saarbrücken 1933)

Die schwarze Dame steht ungedeckt in der d-Linie, und das wird Schwarz hier zum Verhängnis: mit **1. Sc4!** eroberte Weiß die Qualität, da dc4:? wegen 2. Lh7‡! nebst 3. Dd6: nicht angeht.

Einen nicht eben seltenen Fall zeigt das nächste Bild.

Der Ld3 steht ungedeckt, was an sich noch nicht viel schadet. Erst nach **1. Se2?**, was der

Stuckenbrock

Strobel (Chemnitz 1933)

weißen Dame den Rückzug verstellt, kann Schwarz mit **1. .... Sde5!!** **2. de5: Se5:** aus der ungeschützten Stellung des Ld3 Nutzen ziehen. Es folgte **3. Dg3 Sd3†** **4. Kf1 c5,** und Schwarz gewann mit einem guten Bauern mehr bei besserer Stellung sicher.

Verfehlte Linienöffnung.

Wenn es gelungen ist, eine wichtige Angriffslinie des Gegners mit einer eigenen Figur zu blockieren, so darf man sie auf keinen Fall wieder öffnen (es sei denn, daß der Nutzen den Schaden überwiegt).

Schwarz hat die Linie des Lc4 gut verstopft; der weiße Angriff ist im Augenblick nicht sehr gefährlich. Der Drohung Th6: konnte Schwarz mit der Gegendrohung Db4! zuvorkommen. Statt dessen zog er **1. .... Te3:?**

K. Meyer

H. Aebi (Bern 1936)

2. Te3: Se3: (Erzwungen, da der Te7 den Bg7 bewachen muß), und öffnete damit dem Lc4 wieder den Ausblick. Mit **3. Dh6:!!** nahm Weiß seine Chance glänzend wahr; alle weißen Figuren stehen ein, und Schwarz darf keine schlagen! Nach **3. .... Ke8** **4. Dh8† Kd7** **5. Le6† Te6:** **6. fe6†** **De6:** (Ke6: De8†) **7. Tg7† Kd6** **8. Dd8†** vollendete sich sein Schicksal, an dem er freilich selbst Schuld trug. —

Eine andere Art, eine Linie im unrichtigen Augenblick zu öffnen sei an Hand des folgenden Endspiels erläutert.

Weiß steht etwas schlechter, sein Mehrbauer ist wertlos. Mit dem unüberlegten Abtausch **1. ab5:?** arbeitete er aber dem Gegner geradezu in die Hände.

Steinkohl

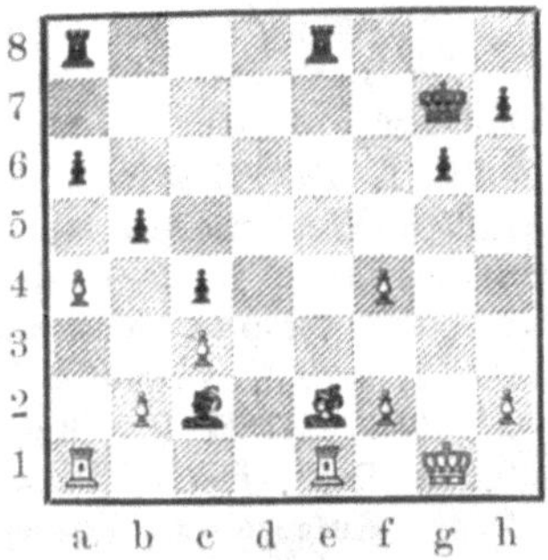

Müller (Worms 1935)

(Richtig war es, mit 1. a5 die a-Linie geschlossen zu halten, um den Ta8 nicht zur Wirkung kommen zu lassen.) Nach **1. .... ab5:** drohte Schwarz bereits Te2:!, so daß Weiß sich zu **2. Ta8: Ta8:** veranlaßt sah. Der neuen Drohung Ta2 suchte er mit **3. Tc1 Lf5 4. Td1 Ta2 5. Td2** zu begegnen, erlag nun aber einem eleganten Durchbruch: **5. .... b4!! 6. Lc4:** (cb4:, c3!) **6. .... bc3: 7. La2: cd2: 8. Lb3 Lg4.** Schwarz gewann leicht.

Die von Weiß freiwillig geöffnete a-Linie wurde so zur Operationsbasis von Schwarz!

Zugumstellung.

Es ist in der Schachpartie durchaus nicht gleichgültig, in welcher Reihenfolge bestimmte Züge ausgeführt werden. Sehr oft kommt gerade diesem Umstand entscheidende Bedeutung zu.

Röß

Heinicke (Wertungst., Bad Elster 1939)

Weiß hatte, um einen Bauern zu erobern, die Dame außer Spiel gebracht. Dies machte sich Schwarz zunutze. **1. .... Tg2†! 2. Tg2: Tg6?** (Schwarz rechnete nur mit 3. T1e2 und wollte dann mit Df3 gewinnen. In umgekehrter Reihenfolge 2. .... Df3!! 3. T1e2 Tg6! war diese schöne Kombination richtig. Die Zugvertauschung dagegen rettet Weiß.) **3. Tf2!** (Daß Weiß so einfach ausweichen kann, hatte Schwarz übersehen. Er unternahm noch einen Verzweiflungsangriff . . .) **3. .... Df3** (. . . den Weiß aber leicht abwehrte:) **4. Tf3: Lf3: 5. Sg3: hg3† 6. Kg1 Le4 7. a5 Th6 8. Dc8 f5 9. Te2 Th3: 10. Tg2!.** Aufgegeben.

Schade um die prächtige Kombination!

Zwischenzug.

Nichts ist so gefürchtet und weniges so effektvoll wie der Zwischenzug. Wir lernten seine verheerende Wirkung schon bei mancher Gelegenheit kennen. Ein sehr einleuchtendes Beispiel soll hier noch Platz finden.

Riebel

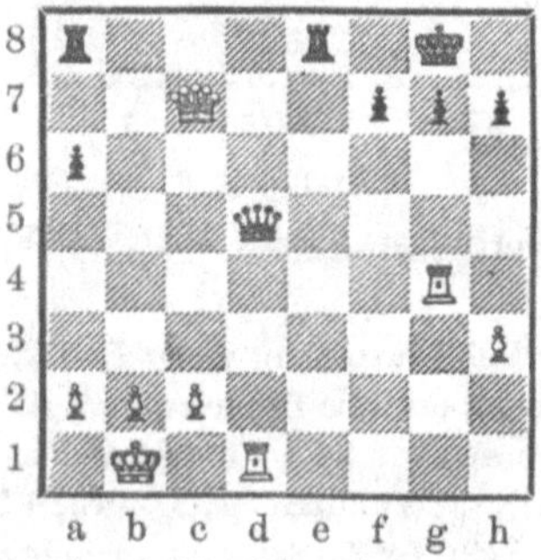

Schandalik (Mannheim 1936)

Weiß hatte einen Läufer auf g4, Schwarz soeben einen Springer auf d5 eingesteckt. Er glaubte sich wegen der Mattdrohung auf diese gewagte Wendung einlassen zu können, hatte aber die Rechnung ohne die Zwischenzüge gemacht! Es folgte nämlich **1. Tg7‡!! Kh8.** Bei Kg7: deckt Weiß mit dem neuen Zwischenschach 2. Dg3 das Feld e1 und verspeist dann die Dame. **2. Tg8†!!.** Verblüffend, aber goldrichtig! **2. .... Kg8:** (Tg8: 3. Dc3†! Tg7 4. Td5:.) **3. Dg8†.** Aufgegeben. Wieder ist das entscheidende Feld e1 gedeckt.

Wir sind am Ende — oder sind wir's nicht?
Wir sah'n die Kehrseite — und das Gesicht.
Das Helle schauten wir — das Dunkle auch,
Das Ungewöhnliche — und auch den Brauch.
Wir sah'n das Schach in seiner Vielgestalt,
In seinem ewig wechselnden Gehalt!

Unveränderter Neudruck. Mit dem Bildnis von P. R. v. Bilguer und mit vielen Diagrammen. Mit Nachtrag 1916—1929, bearbeitet von Hans Kmoch. Quart. XI, 1040 Seiten. (1922) und 232 Seiten. 1930. Broschiert RM 36.—, Ganzleinen RM 38.—

Nachtrag einzeln. Broschiert RM 12.—, Ganzleinen RM 13.—

BOGOLJUBOW, E.

siehe unter **Schachbücherei.**

BRINCKMANN, Alfred

siehe unter **Bücherei des Großdeutschen Schachbundes.**

BÜCHEREI DES GROSSDEUTSCHEN SCHACHBUNDES

Lehrbuch des Schachspiels. Von A. Brinckmann. 2. Auflage. Mit zahlreichen Diagrammen. Oktav. VII, 139 Seiten. 1940. Ganzleinen RM 2.50

Kombinationen. Eine planmäßig geordnete und eingehend erläuterte Sammlung von 257 Mittelspielstellungen im Schach. Von Kurt Richter. Mit 259 Voll- und 53 Teildiagrammen. Oktav. IV, 115 Seiten. 1936. Ganzleinen RM 2.50

Schach-Olympia München 1936. I. Teil. Im Auftrag des Großdeutschen Schachbundes herausgegeben von Kurt Richter unter Mitwirkung von Willi Schlage, Heino von Hennig und Ludwig Rellstab. Mit zahlreichen Diagrammen und Abbildungen. Oktav. IV, 176 Seiten. 1936. Ganzleinen RM 3.20

Schach-Olympia München 1936. II. Teil. Im Auftrag des Großdeutschen Schachbundes herausgegeben von Kurt Richter unter Mitwirkung von Heino von Hennig, Berthold Koch, Ludwig Rellstab und Willi Schlage. Mit zahlreichen Diagrammen und Abbildungen. IV, 192 Seiten. 1937. Ganzleinen RM 3.80

Kurt Richters beste Partien. Von A. Brinckmann. Mit zahlreichen Diagrammen. IV, 120 Seiten. 1939. Ganzleinen RM. 3.80

CAPABLANCA, J. R.

Grundzüge der Schachstrategie. Autorisierte deutsche Übersetzung, besorgt von G. Wiarda. Mit 150 Diagrammen. 3., unveränderte Auflage. Oktav. VI, 143 Seiten. 1939. Ganzleinen RM 4.50

EMMRICH, Erich

siehe unter **Schachbücherei.**

EUWE, Max

siehe unter **Meister des Kampfschachs.**

FAHRNI, Hans

Das Endspiel im Schach. Lehrreiche Beispiele, gesammelt und kurz erläutert. Mit 100 Diagrammen. Oktav. 63 Seiten. 1917.
Broschiert RM 1.60, Ganzleinen RM 2.20

FUSS, Otto und **Ferdinand MÖLLER**

200 ausgewählte Schachaufgaben. Mit 200 Diagrammen. Oktav. 106 Seiten. 1939. Ganzleinen RM 3.—

GOTTSCHALL, Hermann von

Adolph Anderssen, der Altmeister deutscher Schachspielkunst. Sein Leben und Schaffen. Mit 17 Bildnissen, 3 Beilagen und zahlreichen Diagrammen. Oktav. VIII, 553 Seiten. 1912.
Broschiert RM 14.—, Ganzleinen RM 15.50

Streifzüge durch das Gebiet des Schachproblems. Mit dem Bildnis des Verfassers und 783 Diagrammen. Oktav. VIII, 246 Seiten. 1926. Broschiert RM 12.—, Ganzleinen RM 13.50

siehe auch unter **Kongresse des Deutschen Schachbundes.**

GUTMAYER, Franz

Die Schachpartie. Leichtfaßlicher Katechismus, die Schachspielkunst nach neuer Methode, schnell, gründlich und bequem zu erlernen. 2., völlig umgearbeitete, vermehrte Auflage. Mit einem Titelbild, 9 Abbildungen im Text und 443 Diagrammen. Oktav. VIII, 214 Seiten. 1920.
Broschiert RM 4.20, Ganzleinen RM 5.—

Turnierpraxis. Ein Buch für ernstes Spiel. Mit vielen Diagrammen und einem Bildnis. Oktav. VI, 134 Seiten. 1922.
Broschiert RM 3.60, Ganzleinen RM 4.20

Der Weg zur Meisterschaft. Anleitung zur musterhaften Führung von Schachpartien. Auf neuer Grundlage. 4., völlig umgearbeitete, verbesserte Auflage. Mit einem Titelbild, 7 Abbildungen im Text und vielen Diagrammen. Oktav. VIII, 182 Seiten. 1923. Broschiert RM 4.—, Ganzleinen RM. 4.80

KMOCH, Hans

siehe unter **Bilguer, Meister des Kampfschachs** und **Schachbücherei.**

MARÓCZY, Geza

Paul Morphy. Sammlung der von ihm gespielten Partien mit ausführlichen Erläuterungen. 2., völlig umgearbeitete Auflage. Mit einem Titelbild, 7 Bildern im Text und vielen Diagrammen. Oktav. XIII, 290 Seiten. 1925.
Broschiert RM 8.—, Ganzleinen RM 9.50

siehe auch unter **Schachbücherei.**

MEISTER DES KAMPFSCHACHS

Max Euwe. Von Hans Kmoch. Mit einem Bildnis von Max Euwe. Oktav. IV, 161 Seiten. 1938. Ganzleinen RM 4.80

METGER, Johannes

Die Schachschule. Leichtfaßlicher Lehrgang zur raschen und gründlichen Erlernung des Schachspiels. 2., verbesserte Auflage. Mit zahlreichen Diagrammen. Oktav. VIII, 110 Seiten. 1925. Broschiert RM 2.50, Ganzleinen RM 3.50

siehe auch unter **Kongresse des Deutschen Schachbundes.**

MINCKWITZ, Johannes

ABC des Schachspiels. Anleitung zur raschen Erlernung der Schachspielkunst und Einführung in die Problemkomposition. 4., von R. Max Blümich völlig umgearbeitete Auflage. Mit zahlreichen Diagrammen. Oktav. VIII, 166 Seiten. 1925. Broschiert RM 4.—, Ganzleinen RM 5.—

siehe auch unter **Kongresse des Deutschen Schachbundes** und **Schachcongreß.**

NEBERMANN, Edmund

Radio-Schach. Leichtfaßliches Lehrbuch für Funkhörer. Mit Schachspiel und zahlreichen Diagrammen. Oktav. VIII, 61 Seiten. 1926. Ganzleinen RM 3.—

PALKOSKA, Emil und **Alain C. WHITE**

Schachprobleme. Weiß: Dame und ein Läufer. Eine Aufgaben-Sammlung. Unter Mitwirkung von H. Staerker. Mit zahlreichen Diagrammen. Oktav. XVI, 176 Seiten. 1911. Broschiert RM 6.—

RICHTER, Kurt

Die ersten Schritte. Schachratgeber für Anfänger. Mit zahlreichen Diagrammen. Oktav. IV, 66 Seiten. 1940. Brosch. RM 1.20

Bei Abnahme von mehr als 10 Stück nur RM 1.—

siehe auch unter **Bücherei des Großdeutschen Schachbundes.**

SCHACHBÜCHEREI, Veits kleine

Herausgegeben von Friedrich Palitzsch.

Die Bedeutung des Schachs. Von H. V. Klein und Friedrich Palitzsch. Oktav. 28 Seiten. 1924. Broschiert RM —.75

Das Damengambit und Damenbauernspiel. Von Kurt Emmrich. Mit 30 Partien und 75 Diagrammen. Oktav. 92 Seiten. 1924. Broschiert RM 2.—

Die unregelmäßigen Verteidigungen der Damenbauereröffnung. Von Kurt Emmrich. Mit 25 Partien und 52 Diagrammen. Oktav. 66 Seiten. 1924. Broschiert RM 1.50

Schachschule für Anfänger. Von Friedrich Palitzsch. Mit 111 Diagrammen. Oktav. 98 Seiten. 1925.
Broschiert RM 2.50, Ganzleinen RM 3.—

Die unregelmäßigen Spielanfänge. Von Kurt Emmrich. Mit 25 Partien und 60 Diagrammen. Oktav. 72 Seiten. 1925.
Broschiert RM 2.20

Klassische Schachpartien aus modernen Zeiten. Von E. Bogoljubow. Oktav. I. Teil. 1919—1920. Mit einem Bildnis und 42 Diagrammen. 50 Seiten. Broschiert RM 2.50. II. Teil. 1920—1921. Mit 54 Diagrammen. 66 Seiten. Broschiert RM 3.—. III. Teil. 1921—1922. Mit 46 Diagrammen. 55 Seiten. 1928. Broschiert RM 2.50

Die französische Partie. Von Géza Maróczy. Mit 46 Diagrammen. Oktav. 92 Seiten. 1927. Broschiert RM 3.—

Die Kunst der Verteidigung. Von Hans Kmoch. Mit 38 Diagrammen. Oktav. 116 Seiten. 1927. Broschiert RM 5.—

Die sizilianische Partie. Von Albert Becker. Mit vielen Partieanfängen und Diagrammen. Oktav. 106 Seiten. 1929.
Broschiert RM 5.—

SCHACH-KURIOSITÄTEN,

150. Gesammelt von Problematicus. Mit 151 Diagrammen. Oktav. IV, 80 Seiten (steif). 1910. Broschiert RM 1.90

SCHELLENBERG, Paul

Lachschach. Ausgewählte Schachhumoresken. 2., veränderte Auflage. Mit zahlreichen Diagrammen. Oktav. IV, 157 Seiten. 1921. Broschiert RM 2.50, Ganzleinen RM 3.—

SEHWERS, Johann

Endspielstudien. Mit einem Bildnis und zahlreichen Diagrammen. Oktav. XVI, 88 Seiten. 1922. Broschiert RM 3.—

SNOSKO-BOROWSKY, Eugen

Das Mittelspiel im Schach. Aus dem Englischen übersetzt von Christof Jobst und Friedrich Palitzsch. Mit 100 Diagrammen. Oktav. VIII, 180 Seiten. 1926.
Broschiert RM 7.—, Ganzleinen RM 8.50

Eröffnungsfallen am Schachbrett. Nach der englischen Ausgabe neu bearbeitet von Alfred Becker. Mit 212 Beispielen und vielen Diagrammen. Oktav. II, 124 Seiten. 1939.
Ganzleinen RM 3.80

FSC
www.fsc.org
MIX
Papier | Fördert
gute Waldnutzung
FSC® C083411

Kolibri 360 GmbH
Ferdinand-Jühlke-Straße 7
99095 Erfurt, Deutschland
produktsicherheit@kolibri360.de